高等职业教育生态林业专业群特色教材

森林经营技术

王 杨　黄 毅 | 主　编

焦泽东　孟凡清　王海霞 | 副主编

韩建军 | 主　审

中国轻工业出版社

图书在版编目（CIP）数据

森林经营技术 / 王杨，黄毅主编. -- 北京：中国轻工业出版社，2025. 2. -- ISBN 978-7-5184-5141-8

Ⅰ．S75

中国国家版本馆CIP数据核字第2024LF0269号

责任编辑：王　宁　　　　　责任终审：李建华　　设计制作：梧桐影
策划编辑：陈　萍　王　宁　　责任校对：吴大朋　　责任监印：张京华

出版发行：中国轻工业出版社（北京鲁谷东街 5 号，邮编：100040）
印　　刷：北京君升印刷有限公司
经　　销：各地新华书店
版　　次：2025年2月第1版第1次印刷
开　　本：787×1092　1/16　印张：13.75
字　　数：350千字
书　　号：ISBN 978-7-5184-5141-8　　定价：59.00元
邮购电话：010-85119873
发行电话：010-85119832　　010-85119912
网　　址：http://www.chlip.com.cn
Email: club@chlip.com.cn
版权所有　侵权必究
如发现图书残缺请与我社邮购联系调换
240814J2X101ZBW

本书编写人员

主　编　王　杨（黑龙江林业职业技术学院）
　　　　　黄　毅（黑龙江林业职业技术学院）
副主编　焦泽东（甘肃祁连山国家级自然保护区管护中心东大河自然保护站）
　　　　　孟凡清（黑龙江省林业和草原调查规划设计院牡丹江院）
　　　　　王海霞（黑龙江林业职业技术学院）
参　编　吕晓晶（黑龙江林业职业技术学院）
　　　　　韩慧英（黑龙江林业职业技术学院）
　　　　　高　蕾（黑龙江林业职业技术学院）
　　　　　温　哲（黑龙江林业职业技术学院）
　　　　　李宜涛（穆棱林业局有限公司）
　　　　　蒋先进（穆棱林业局有限公司）
主　审　韩建军（黑龙江林业职业技术学院）

前言

森林经营是林业生产的重要环节,是以森林生长环境调控和森林采伐利用为主要目的的经营活动。"森林经营技术"是高等职业教育林业技术专业的一门专业课程,也是林业技术专业的核心课程,与"林木种苗生产技术""森林营造技术""森林资源管理"和"森林病虫害防治技术"四门课程共同构筑了林业技术专业课程体系的主体。该课程的任务是使学生具备从事森林经营工作所需要的理论知识,掌握森林经营的方法技术,能够进行林分密度、林分面积和林分蓄积量的测算,能够合理地进行森林抚育采伐和森林主伐更新的设计与施工,编制森林经营作业设计方案,胜任森林经营技术岗位的工作。

本教材进行了一些大胆创新,对传统森林经营教材的内容进行了结构调整,增添了较多新内容。这些内容旨在使学生或者读者深刻认识经营在建设现代林业过程中的重要作用和意义,同时,以新的林业理念引导学生学习各项目、各任务的内容。为适应时代发展,还新添了生态产品、生态文明概念、林业相关论述以及封山育林项目,以使内容得到较大细化。

以往的"森林经营技术"课程重理论、轻实践,授课也主要采取传统的讲授法,先理论、后实训,理论与实践脱节,教学与生产缺乏有机的结合,不利于学生实践技能和创新能力的培养,达不到预期的效果。本教材引入先进教学理念,是"理实一体化"的特色教材,贯彻以学生为主体、以森林经营能力培养为核心的原则;根据林业生产的阶段性特点,构建基于现行森林经营技术标准和森林经营生产过程的课程内容;按照"教、学、做"一体化的要求,设计教学过程,依托良好的实训基地和教学团队条件,实施产学结合、岗位育人的教学模式,实现学生知识、能力和素质的全面提升。

教材编写组在广泛征求意见以及反复研究讨论的基础上,进行了明确的分工。黑龙江林业职业技术学院王杨、黄毅任主编;甘肃祁连山国家级自然保护区管护中心东大河自然保护站焦泽东、黑龙江省林业和草原调查规划设计院牡丹江院孟凡清、黑龙江林业职业技术学院王海霞任副主编;黑龙江林业职业技术学院吕晓晶、韩慧英、高蕾、温哲,穆棱林业局有限公司李宜涛参编;黑龙江林业职业技术学院韩建军主审。王杨负责整体设计和项目3的编写,王海霞负责项目1中任务1、任务2的编写,黄毅负责项目2的编写，孟凡清、焦泽东负责项目1中任务3、项目5中任务3的编写，吕晓晶负责项目4中任务1、任务2的编写，韩慧英负责项目4中任务3、任务4的编写，高蕾负责项目5中任务1、任务2的编写，温哲、李宜涛负责所有项目中拓展知识和巩固训练的编写，蒋先进负责全书资料的查询、收集与编辑。

  本教材的编写得到了编者所在单位领导的有力支持和帮助，在此致以衷心的感谢。本教材吸收借鉴了以前及近期、国内及国外的一些研究成果，借鉴、整理、引用了相关文章、教材、规程、专著的材料和图表等，在此对这些作者致以衷心的感谢。

  由于编者水平有限，加之本教材在结构编排和内容编写方面力求改革和创新，以及反映本学科一些新内容、新技术、新方法，书中难免有不周全、不完善、不恰当的地方，恳请读者批评指正，编者将及时进行修订和完善。

王杨

2024年5月

目录

项目1 林地培育技术 ... 1

任务1 林地灌溉 ... 2
1.1 干旱的危害与灌溉的作用 ... 2
1.2 合理灌溉 ... 3
1.3 林地灌溉水源 ... 3
1.4 节水灌溉方式 ... 4
1.5 特殊立地类型林地的灌溉方式 ... 7

任务2 林地培肥 ... 11
2.1 林地施肥 ... 12
2.2 栽种绿肥作物 ... 21
2.3 凋落物保护 ... 26

任务3 林地间作 ... 33
3.1 林地间作的概念 ... 34
3.2 林地间作的优点 ... 34
3.3 林地间作的特征 ... 36
3.4 林地间作应注意的问题 ... 37
3.5 农林复合生态系统 ... 37
3.6 林地间作的几种模式及技术措施 ... 38

项目2 林木修枝技术 ... 49

任务1 人工整枝 ... 50
1.1 人工整枝的概念与目的 ... 50
1.2 人工整枝的生物学和生态学基础 ... 52
1.3 人工整枝的技术 ... 55

任务2　摘芽	62
2.1　摘芽的概念和意义	63
2.2　针叶树种摘芽法	63
2.3　阔叶树种摘芽法	64
2.4　摘芽注意事项	65

项目3　森林抚育间伐　69

任务1　抚育间伐概述	70
1.1　抚育间伐的概念与目的	70
1.2　抚育间伐的理论基础	72
1.3　抚育间伐的种类和方法	76
任务2　抚育间伐技术指标	94
2.1　抚育间伐开始期	94
2.2　抚育间伐强度	97
2.3　抚育间伐强度的确定原则及分级标准	99
2.4　抚育间伐强度的确定方法	99

项目4　森林主伐更新　117

任务1　皆伐更新	118
1.1　皆伐更新的概念	118
1.2　皆伐迹地的环境特点	119
1.3　皆伐更新的种类	120
1.4　伐区规划技术要素	121
1.5　皆伐迹地更新	123
1.6　皆伐更新的选用条件	125
1.7　皆伐更新评价	125

任务2　渐伐更新 … 141
2.1　渐伐更新的概念 … 141
2.2　渐伐采伐过程和特征 … 141
2.3　渐伐更新的种类 … 144
2.4　渐伐采伐木的选择 … 144
2.5　渐伐迹地更新 … 145
2.6　渐伐更新的选用条件 … 145
2.7　渐伐更新评价 … 145

任务3　择伐更新 … 155
3.1　择伐更新的选用条件 … 155
3.2　择伐更新的种类 … 156
3.3　择伐采伐木的选择 … 158
3.4　采伐强度、间隔期与采伐年龄的确定 … 159
3.5　择伐迹地更新 … 159
3.6　择伐更新评价 … 160

任务4　矮林作业 … 165
4.1　矮林作业概述 … 166
4.2　矮林的形成与矮林作业法 … 167
4.3　经营矮林的技术措施 … 168
4.4　经营矮林的特殊形式——头木作业和截枝作业 … 170
4.5　常见的矮林类型 … 171
4.6　矮林作业评价 … 173

项目5　封山育林技术　177

任务1　封山育林设计 … 178
1.1　封山育林的概念及意义 … 178
1.2　封山育林的理论 … 180

  1.3 封山育林的适用条件 ……………………………………………………… 182

  1.4 封育类型 …………………………………………………………………… 183

  1.5 封育方式及年限 …………………………………………………………… 183

  1.6 封山育林规划设计 ………………………………………………………… 184

  1.7 封山育林作业 ……………………………………………………………… 189

  1.8 封山育林检查和成效调查 ………………………………………………… 191

  1.9 封山育林档案管理 ………………………………………………………… 192

任务2 乔灌型封山育林 …………………………………………………………… 196

  2.1 封育地块选择的条件 ……………………………………………………… 197

  2.2 封育年限与封育目标 ……………………………………………………… 197

任务3 灌木型封山育林 …………………………………………………………… 198

  3.1 封育地块选择的条件 ……………………………………………………… 199

  3.2 封育年限与封育目标 ……………………………………………………… 199

参考文献 …………………………………………………………………………… 208

项目1

林地培育技术

任务1　林地灌溉

● 任务描述

林地灌溉是林地抚育的重要内容，可直接到山场进行理论学习，了解林地灌溉的条件及注意事项，掌握不同林地的灌溉方法，现场调查水源状况并确定适宜灌溉的方式和方法。主要通过完成具体的实训项目，从林地需水状况及水源调查、灌溉方式确定、不同林地灌溉方法等实训的实施完成实践的全过程，并对工作效果进行评估，撰写成果报告。

● 任务目标

1. 认识林地灌溉的作用及林木生长对水分的要求。
2. 熟知林地灌溉的方式和条件。
3. 能确定适宜的灌溉时间和正确的灌水量。

● 知识准备

1.1　干旱的危害与灌溉的作用

1.1.1　干旱的危害

水是土壤肥力的四大要素之一，林地缺水是一些地方林业生产的制约因子。干旱破坏树木体内的水分平衡，会使树木生长减弱或停止，导致植株矮小、林分产量降低。干旱林区树木嫩枝、根部的延伸，直径的生长，种子的发育，都会由于水分供应不足而受到限制。一些地区重造轻管形成的低质低效林，相当一部分是由于不及时灌溉造成的。

1.1.2　灌溉的作用

灌溉是补充林地土壤水分的有效措施。林地灌溉对提高幼龄林成活率、保存率，加速休眠芽的萌发，促进叶片的扩大、树体的增粗和枝条的延长，以及防止因干旱导致顶芽的提前形成具有重要作用。在盐碱含量过高的土壤上，灌溉可以洗盐压碱，改良土壤。

水是组成植物体的重要成分，也是光合作用的原料。在林地干旱的情况下进行灌溉，可改变土壤水势、改善林木生理状况，使林木维持较高的光合速率和蒸腾速率，促进干物理活性，增加叶片叶绿素和营养元素的含量。

1.2 合理灌溉

林地灌溉是否合理主要考虑灌溉时间和灌水量。

1.2.1 灌溉时间

林地是否需要灌溉,要根据气候特点、土壤墒情、林木长势来判断。从林木年生长周期来看,幼龄林可在树木发芽前后或速生期之前灌溉,使林木进入生长期后有充足的水分供应,降雨集中的月份一般不需要灌溉;从林木长势看,主要观察叶的舒展状况、果的生长状况。据对4年生泡桐幼树不同月份的灌溉试验表明:7月、8月、9月灌溉,既不会显著影响土壤含水量,也不会显著影响泡桐胸径和新梢生长;4月、5月、6月灌溉,可以显著提高土壤含水量,而且4月灌溉还可以显著促进胸径和新梢的生长。

1.2.2 灌水量

林地灌溉一般比农田灌溉难度大,要科学计算灌水量,避免浪费。灌水量随树种、林龄、季节和土壤条件的不同而异。工作中计算灌水定额,常用蒸腾系数作为依据,即以植物生产1g干物质所消耗水的量作为需水量,同时要考虑地下水供应量和降水量。合理灌溉的最好依据是生理指标状况,如叶片的水势、细胞液的浓度、气孔开度等,因为它们能更早地反映出植株内部的水分状况。一般要求灌水后的土壤湿度达到相对含水量的60%~80%即可,并且湿土层要达到主要根群分布深度,这种方法比较简单实用,先用烘干法算出土壤含水量,再根据土层厚度算出单位面积土重,就能大概算出单位面积的灌水量。对林分灌溉时还要注意掌握合理的灌水流量,灌水流量是单位时间内流入林地的水量。灌水流量过大,水分不能迅速渗入土体,造成地面积水,既恶化土壤的物理性质,又浪费水资源。

1.3 林地灌溉水源

1.3.1 自然水源

地势比较平缓的林区一般采用修渠引水灌溉,水源来自河流与水库。山区地形变化较大的地方或地势较陡的山地,也可利用山上的泉水,通过建造蓄水池实现常年的蓄水。

1.3.2 人工水源

(1)人工集水。由于林业用地的复杂性,干旱和半干旱地区的很多地方不具备引水、取水灌溉的条件。黄土高原的大部分地区多年平均降水量为300~600mm,而且降水的时空分布极不平衡，雨季相对集中于7月、8月、9月，春旱严重，伏旱和秋季干旱的发生率也很高。因此，汇集天然降水几乎成为这些地区林业用水的唯一来源。人工集水作为灌溉水源获取的方式之一，受到了广泛的研究。例如，在年降水量不足400mm的半干旱黄土丘陵区，人们根据不同树种对水分的生理要求和区域水资源环境容量，采取径流林业配套措施，人工引导地表径流并就地拦蓄利用水资源，把较大范围的降水集中，加速了林木生长。通过合理分布集水面，所收集的水被储存在土壤层中。如果能就近修建贮水窖等设施，则可使降水集中起来，以供旱季使用。

（2）打井取水。有地下水资源的地区，如各种条件允许，也可打井取水灌溉。

（3）利用抽水机械设备取水。在没有自然水源的山地，可利用抽水设备从低处往高处抽水蓄水，以便灌溉之用。

1.4 节水灌溉方式

传统的灌溉方式有漫灌、畦灌、沟灌。近年来，一些速生丰产林和城市森林公园开始较多采用节水灌溉方式。

1.4.1 低压管道输水灌溉

低压管道输水灌溉又称管道输水灌溉，是通过机泵和管道系统直接将低压水引入田间进行灌溉的方法。这种利用管道代替渠道进行输水灌溉的技术，既避免了输水过程中水的蒸发和渗漏损失，又节省了占地面积，能够克服地形变化的不利影响，省工省力。这种方法一般可节水30%，节地5%。

1.4.2 喷灌

喷灌是目前南方山区较为常用的一种灌溉方式。它是利用专门设备把水加压，使灌溉水通过设备喷射到空中形成细小的雨点，像降雨一样湿润土壤的一种方法（图1-1）。它的优点是能适时适量地给林木提供水分，比地面灌溉省水30%~50%；水滴直径和喷灌强度可根据土壤质地和透水性大小进行调整，这样不破坏土壤的团粒结构，保持土壤的疏松状态，不对土壤产生冲刷，使水分都渗入土层内，避免水土流失；可以腾出占总面积3%~7%的沟渠占地，提高土地利用率；适应性强，不受地形坡度和土壤透水性的限制。

实施喷灌的技术要求：风力在3级以上时，应停止喷灌，因为刮风会增加水分蒸发，影响喷灌的均匀度；一般情况下，水喷洒到空中，比在地面时的蒸发量会大，如在午后或干旱季节，空气相对湿度低，蒸发量会更大，水滴降到地面前可以蒸发掉10%以上，因此，可以在夜间风力较小时进行喷灌，以减少蒸发损失。图1-2为山地喷灌蓄水池。

图1-1 山地喷灌设施　　　　　　　图1-2 山地喷灌蓄水池

1.4.3 微灌

微灌有滴灌、雾灌、渗灌、微喷灌等。滴灌是利用滴头（滴灌带）将压力水以水滴状或连续细流状湿润土壤进行灌溉的方法，它可用电脑控制自动化运行；雾灌是近几年发展起来的一种节水灌溉技术，集喷灌、滴灌技术之长，低压运行，供水快；渗灌是利用一种特制的渗灌毛管埋入地表以下30～40cm，压力水通过4mm的塑料管作为灌水器，以细流状湿润土壤进行灌溉的方法；微喷灌是利用微喷头将压力水以喷洒状湿润土壤的一种灌溉方法。

1.4.4 山地喷滴灌

以毛竹林为例，山地喷滴灌主要技术措施如下。

（1）水源选择。毛竹林喷滴灌是利用山地自然水源或建蓄水池利用水的自然落差产生压力进行喷滴灌溉，因此蓄水池的位置应选择在地势较高的山顶上。水距竹林的落差一般要求在6m以上，这样才能产生足够的水压，所以应根据竹山面积的大小选定合适距离的水源，如面积较大的竹林（10hm^2），可从1km左右处引水灌溉；如果竹山上中部及附近地区无自然水源而山脚附近地区有自然水源的，则可采取机械抽水的方法解决水源或用550W的电动水泵进行抽水，并在林地较高的位置建造蓄水池，蓄水池容量一般为30m^{3}左右。在满足毛竹林灌溉用水量的前提下，水源应尽量以就近的自然水源为主，人工抽水为辅，力求便利和节约成本。

（2）水池建造。建造蓄水池是喷滴灌系统中的关键性工程之一。建造蓄水池时，要选择合适的地形和制高点，保证一定的水压，但也要避免水压过大导致管道胀破；还应选择山顶建池，注意将蓄水池均匀地分布在竹山之中，而水池的大小、个数应根据竹山的面积、源头水量、山地坡度、竹山纵横比例等因素综合考虑。根据南方大多数竹山灌溉经验，蓄水池可为圆形（圆形最好，受力均匀）、正方形或长方形，水池深度一般以不超过2m为宜。要挖入土深2/3处，将底部夯实，并用砖、石或混凝土砌筑。在池底部预埋出水管滤网，池壁上做好防护措施，便于工作人员上下活动，最后要用板料覆盖蓄水池。

（3）管道选用及布设。用塑料管可防止渗水，也能减少劳力，目前多采用黑色塑料材质的管道和管件。要根据山形条件和水池位置来合理布设导水管，导水管一般布于地表面，以防挖笋、砍竹时被误挖破坏，同时有利于维修、养护和收藏。布设时力求使整个喷灌溉系统的管道最短，控制面积最大，投资成本最低。

（4）灌溉方式。

①喷头喷灌：将蓄水池的水往塑料管下方加压，通过管道，由自动喷水嘴喷洒到竹山地面上或竹林上，喷头至蓄水池的落差高度要达6m以上，喷头高度一般为1.8~2m，射程为8~10m，每个喷头可灌溉面积达300m^2左右。

②管孔喷灌：将蓄水池的水往塑料管下方加压，通过管道，经各级管道微型小孔喷在竹林上空，形成太阳雨淋状，这有利于竹子生长、发笋。支管可放在地面或挂在竹中（高度1.5m左右）。管孔喷灌的范围比自动喷嘴的更小，投资更少。

③管孔滴灌：将池水过滤，毛管经过竹处打一小孔，管水就从小孔中滴入毛竹根部，然后被毛竹根系吸收利用。滴灌可与施肥结合，但要掌握好浓度和用量，视需求选择可溶性肥料投入蓄水池中充分溶解，使其随水施入竹根，这样能及时补充毛竹所需要的水分和养分，增产效果更佳。该灌溉方式可用在落差小的竹山上。

（5）灌溉时间及灌水量。春、秋两季是毛竹生长最旺盛的季节，也是毛竹需水量最大的时期。一是春季的出笋前期（大约2月），此时正是毛竹春笋出土的前期，竹林对水分的需求量多而急迫，若是春旱必然导致笋产量和成竹量减少，成竹高度与质量也受影响；二是秋季孕笋期（大约8月），此时正是竹鞭芽转化成笋芽的时期，需水量也剧增，适宜的水分条件可以促进笋芽分化，增加冬笋个数和大小，若秋季干旱，必然影响来年的笋产量。

管理应掌握灌溉时间：第1次灌溉在8月，这是地下茎快速生长的阶段；第2次灌溉在9~12月，这是笋芽形成到肥大的阶段；第3次灌溉在第二年2~3月，这是出笋前到早发笋的阶段。在这几个时期内，若连续20~30天没下雨应进行1次灌溉，每次灌水量视干旱程度及灌水间隔期而定，最低应不少于20mm的降水量。

（6）设备使用与维护。喷滴灌系统的安装是关键，但后期的维护及管理也是重要内容。

①为了防止喷灌过程中产生地面径流，喷灌强度不得高于土壤渗入能力。

②喷灌易受风力的影响，当风速超过3.5m/s时，应停止喷灌。

③水管进、出口处的铁纱过滤网经常会被一些杂物堵塞，要及时进行清理。

④蓄水池内沉积的杂物、污泥较多时，要将蓄水池放空，去杂排污。

⑤除固定设备外，软管及喷头等移动设备在不使用时要及时清理干净并收藏，这样可延长使用寿命。

（7）投入与效益。根据各地经验，采用喷滴灌系统每套投资1.5万元左右（包括建造一个30m²的蓄水池、布设管道及喷头等），一个30m²的蓄水池可灌溉竹山面积3.3hm²左右。通过测算，在其他条件相同的情况下，采用喷滴灌的竹林比未采用喷滴灌的竹林每年每公顷可增加经济收入6750元左右，这样通过喷滴灌第一年的成本即可以收回，以后就只支出维修费用即可。

1.4.5 储水自灌溉

由浙江省湖州市林业专家自主创新的毛竹林储水自灌溉技术目前在毛竹林中试验。

毛竹林储水自灌溉技术不仅利用毛竹竹腔内壁具有吸收水与供肥功能这一特性，对毛竹伐桩节隔采用机械设备进行技术处理，还开展了一系列的科学试验，如探索不同径级的毛竹伐桩节隔处理后储水对毛竹土壤—植物—大气连续体（SPAC）的水分特征和毛竹林分光合速率、蒸腾速率的影响；研究毛竹林内储水伐桩数量组合及其分布形态与林分生产力（竹笋及竹材产量）的关系，提出适合单位面积毛竹林自灌溉系统的竹桩数量和分布形态，为构建经济高效的毛竹林储水自灌溉系统建立理论基础和技术支撑。这些试验对提高毛竹林秆与鞭、根微系统内水分循环的平衡能力，促进毛竹林对短期间歇性干旱的抵抗能力，降低毛竹林人工灌溉的成本都具有重要意义。

1.5 特殊立地类型林地的灌溉方式

1.5.1 盐碱林地的冲洗改良技术

我国盐碱地众多，其中内陆和滨海地区均有不少中低产的盐碱林地。据试验，含盐量0.1%以上的盐碱地，只有少量树种可以适应；含盐量0.3%以上的盐碱地，只有个别树种可以适应。据江苏省调查资料，盐碱地上种的杨树要经过灌溉压碱才能正常生长。盐碱土的冲洗改良技术内容包括冲洗前的平整土地、冲洗地段田间排灌渠系统和畦田的布置、冲洗排水技术、耕翻等环节。冲洗定额的总水量须分次灌入畦田，在土质较轻或透水性良好的土壤上，采用较小的分次定额（1050~1500m³/hm²）和较多的冲洗次数，脱盐效果较好；在土壤质地黏重、透水性差的情况下，则宜采取较大的分次定额（1500~2100m³/hm²）。冲洗灌溉有间歇冲洗和连续冲洗两种方法。间歇冲洗是为了延长渗水在土层中的停留时间，增加盐分的溶解，在硫酸盐盐土上，间歇冲洗效果较好；以氯化物为主的盐土，可采取前次灌水渗入后，立即进行第二次灌水，冲洗的顺序一般为先低处后高处，先含盐重的后轻的，先近沟的后远沟的。

1.5.2 黄土丘陵沟壑林地的径流林业技术

黄土丘陵地区降水季节集中、水土流失严重，引水灌溉非常困难，采用径流林业技术，实施集水灌溉是行之有效的方法。常用的有修水窖、地膜覆盖、反坡梯田整地、鱼鳞坑整地等；在退耕还林工作中，甘肃省采用漏斗式、扇形式径流集水技术，取得了一定的成效。地膜覆盖是将树盘整成内低外高的反坡形，然后选用相应规格的地膜自上而下或自外而内地盖在树盘上，地膜覆好后用细土将四周及开缝处压实压严，以不透风跑墒为度，四周留0.1m左右的缝隙，以便雨水渗入树坑内，补充土壤水分。

1.5.3 塔里木沙漠公路防护林咸水滴灌技术

新疆维吾尔自治区南部塔里木盆地的中央地带是我国面积最大的流动性沙漠塔克拉玛干沙漠，腹地年均降水量只有10.7mm，夏季气温最高43.2℃，全年约有一半时间为风沙天气。为确保塔里木沙漠公路安全运行，经过10年的先导试验，2003年塔里木沙漠公路防护林生态工程正式启动。在极端干旱的流动沙漠中植树造林，人们形容为"在沙漠里种活一棵树木，要比养活一个孩子还难"。中国科学院新疆生态与地理研究所等部门的技术人员，研究出了"优选树种、咸水滴灌"的配套技术，筛选出了能适应塔克拉玛干沙漠生存条件的88种植物，将红柳、梭梭、沙拐枣作为防护林的主要树种栽在沙漠公路两旁，混合栽植其他植物，优化配置。然后每隔4km钻凿一眼机井，配备一台小型柴油发电机，抽取公路沿线储量巨大的地下咸水，对各类树木、植物进行根部滴灌。如今已初见成效，沙漠腹地出现了超过400hm²的绿洲，人们称之为"生态工程激活死亡之海"。

● 实训情境

1. 实训内容

选择不同类型的林地并找一片因干旱造成树木生长不良，急需灌溉解除旱情的幼龄林林地，附近需有水源（水塘、机井等），进行现场调查和动手操作。也可到已配置灌溉设施的实训基地或实习林场现场参观，学习灌溉设施配置情况。

2. 实训工具材料

潜水泵、引水胶管或布管、铁锹、皮尺等。

3. 实训场景

在不同的林地进行水源及土壤状况的调查，针对不同的灌溉条件现场确定灌溉方式及措施；在实习林场或实训基地进行灌溉技术要点的学习，有条件的可先请技术人员进行技术指导。教师进行操作要点指导和讲评。

● **任务实施**

一、合理灌溉措施设计

合理的灌水量是提高林地灌溉效果的重要措施。

1. 实施过程

（1）测定林地土壤密度和土层厚度或收集这两个数据。

（2）测定林地田间持水量、实际含水量或收集这两个数据。

（3）计算实训林地的面积。

（4）计算灌水量。林地最大灌水量=（田间持水量－实际含水量）×土壤密度×林地面积×土层厚度。田间持水量是土壤有效水最大时的含水量。

（5）实施灌溉。一块实训林地按最大灌水量计划灌溉；另一块实训林地盲目灌溉，以水满为止。

（6）观察灌水效果，计算节水效益。

（7）注意事项。盲目灌溉往往是大水漫灌，使一些灌溉水成为重力水，造成浪费，但个别时候也会少灌。上述计算公式得到的最大灌水量是理论值。一般认为当土壤含水量降至田间含水量的70%时，植物不能及时吸收所需水分，生长受阻，这时的土壤含水量称为植物生长阻滞含水量。另外，农业上测算农作物生长的土壤相对含水量一般要求为50%~80%，土壤相对含水量50%是农作物生长的下限，林业上可加以参考。

2. 成果提交

提交一份合理灌溉措施设计实训报告。

二、林地灌溉自然水源调查

1. 实施过程

（1）调查林地自然环境条件，包括地形、土壤、水分状况、附近自然水源分布及数量。

（2）分析当地近年来的气候条件，特别是降水分布。

（3）分析确定林地潜在的自然水源量，根据降水量及地形、土壤等条件分析林地灌溉的自水源及蓄水量。

2. 成果提交

提交一份林地灌溉自然水源调查实训报告。

三、林地灌溉技术措施设计

1. 实施过程

（1）调查林分生长因子，主要调查林木生长量、树种需水特性、郁闭度、林分密度等。

（2）调查分析地形因子、水资源状况，包括林地面积、坡度、坡形、水源分布及水源量。

（3）分析林地灌溉的特点及适用条件。

（4）根据林分状况、地形条件、水源状况及现有的设施及社会经济条件确定合理的灌溉方式及具体措施。

2. 成果提交

提交一份林地灌溉技术措施设计实训报告。

拓展知识

1. 灌溉水源选择

林地的灌溉水源应首先考虑可利用的湖泊、水库、河流等自然水源，以及经过处理的可利用废水。在选择灌溉水源时，需要考虑水源的可靠性、水质及水量等因素。

2. 灌溉系统设计

灌溉系统的设计应根据林地的地形、土壤、植物种类等因素来确定。一般而言，林地灌溉系统可以采用滴灌、喷灌或漫灌等方式。滴灌适用于植物密度高、需水要求精确的林地；喷灌适用于大面积、地形平坦的林地；漫灌适用于地形复杂、水源充足的林地。

3. 灌溉制度制定

灌溉制度的制定应根据植物的需水特性、土壤湿度、气候等因素来确定。一般情况下，灌溉的时间、次数和水量等应满足植物的生长需求，同时避免过度灌溉导致的土壤硬化和植物病害等问题。

4. 灌溉设备选择与安装

应根据具体的灌溉需求、水源条件等因素来选择适当的灌溉设备。同时，设备的安装应确保方便可靠，不会影响林地的交通和使用。

5. 灌溉用水管理

为了确保林地的可持续生长，需要对灌溉用水进行科学管理。这包括合理安排灌溉时间、控制灌水量、定期检查灌溉设备等措施，以实现节约用水、提高灌溉效率的目标。

6. 灌溉效益评估

在实施林地灌溉方案后，应对其效益进行评估。这包括对植物生长状况、土壤湿度、灌溉用水量等方面的监测和记录，以便对灌溉方案的效果进行分析和改进。同时，应关注灌溉对环境的影响，确保方案的实施不会对环境造成不良影响。

巩固训练

（1）山地林地灌溉是目前林地抚育中比较难实施的一项抚育管理，受到诸多客观条件的限制，特别是水源因素的影响。在进行训练操作时，要充分调查林地的条件。

（2）林地灌溉目前主要在果树、经济林及少数用材林林分（如南方杉木速生丰产林）中应用。在设计灌溉方式及措施时，应培养节能、环保、高效的理念，尽量考虑现有的设施、设备条件，结合地形及水源状况，设计出最佳的方案。

（3）进行本任务训练时，应尽量参照国家林业标准、技术规程和技术规范，并结合地方标准开展有关操作工作，也可按技能证书要求进行操作。

任务2　林地培肥

任务描述

林地培肥是林地抚育的重要内容，该任务分两段完成，先在课堂上了解肥料种类，再进行土壤营养调查及诊断等实地操作。主要通过完成具体的实训项目，从林地施肥、林下绿肥种植、林地凋落物的保护措施等实训的实施完成实践的全过程，对实训效果进行评估，撰写成果报告。

任务目标

1. 认识林地培肥作用及土壤营养元素的作用规律。
2. 熟知林地培肥包括的各项技术要求，能确定适宜的培肥时间和培肥各项目的技术措施。

知识准备

2.1 林地施肥

在现代林业生产中，林地培肥是不可或缺的工作。土壤肥力的肥、水、气、热四大因子中的肥因子、水因子在一定程度上能影响气因子、热因子，综合对植物生长产生影响。施肥是林地培肥的主要措施之一，随着林业生产集约化程度的提高，在营林实践中肥料的作用越来越重要，特别是在商品用材林的经营中，合理施肥已成为提高林木产量和质量的一项重要措施。在欧洲和北美洲的某些国家，林地施肥已有几十年的历史，每年有大面积森林按惯例施肥。瑞典林地施肥的总面积已超过林地总面积的2/3。在北美洲，特别是在美国南部、西部太平洋沿岸与东北部，森林施肥也应用广泛，每年的施肥面积在迅速增加。日本在20世纪40年代开展林地施肥的研究，近年来，林地施肥已较普遍。我国开展林地施肥起步较晚，20世纪90年代后才在桉树、杉木、国外松、欧美杨和马尾松等主要用材树种中进行较广泛的施肥，目前在速生丰产林中效果显著，施肥应用发展迅速。

2.1.1 林地施肥的特点

从事林业生产和经营的土地一般比较贫瘠，往往是种不了其他作物才去种树的。间伐、修枝、森林主伐（特别是皆伐）、伐区清理等会造成大量有机质和营养元素的流失，导致林地营养物质循环的平衡受到影响。一些林地连续培育某种针叶树纯林，使包括微量元素在内的各种营养物质极度缺乏，地力衰退，土壤理化性质恶化。一些地方受自然或人为因素的影响，归还土壤的森林枯落物数量有限或很少，以致某些营养元素流失。

林地施肥主要包括以下特点。

（1）用材林以长枝叶和木材为主，应施用以氮肥为主的完全肥料，幼龄林时适当增加磷肥对分生组织的生长、迅速扩大营养器官有很大作用。

（2）有些土壤缺乏某种微量元素，在施用氮、磷、钾肥的同时，配合施入少量的锌、硼、铜肥等，往往对林木的生长和结实极为有利。

（3）幼龄林阶段林地杂草较多，施肥应与化学除草剂的施用结合起来比较好。

2.1.2 林木生长所需的营养元素

研究表明，林木生长需要碳、氢、氧、氮、磷、钾、硫、钙、镁、铁、铜、锰、钴、锌、钼、硼等十几种元素。在这些元素中，碳、氢、氧是构成一切有机物的主要元素，占植物体总成分的95%以上，其他元素约占植物体总成分的4%。碳、氢、氧从空气和水中获得，主要从土壤中吸收。植物对碳、氢、氧、氮、磷、钾、硫、钙、镁等元素的需求量较多，故将这些元素称为大量元素；对铜、锰、钴、锌、钼、硼等元素的需求量很少，将这些元素称为微量元素。从植物元素需求量来看，铁比镁的需求量少，比锰的需求量大几倍，所以有时称它为大量元素，有时称它为微量元素。植物对氮、磷、钾这3种元素需求量较多，而这3种元素在土壤中的含量又较少，所以人们生产含有这3种元素的肥料较多，氮、磷、钾又称为肥力三要素。植物对营养元素的吸收，一方面受自身营养特性的影响，另一方面受环境条件的影响。了解林木生长必需的营养元素是合理施肥的重要依据。在土壤的各种营养元素中，氮、磷、钾这3种元素是植物需求量和收获时带走较多的营养元素，而归还量还不到吸收总量的10%，往往表现为土壤中有效含量较少。因此，这种养分供求之间的不协调，明显影响着植物生产力的提高。改变这种养分不足的状况，就需要施用比较大量的氮、磷、钾肥加以调节。

2.1.3 林地施肥对植物的影响

施肥具有增加土壤肥力，改善林木生长环境，改善林地理化、生物性质的良好作用，通过施肥可以达到加快幼龄林生长，提高林分生长量，缩短成材年限，促进母树结实以及控制病虫害发生、发展的目的。施肥还可使幼龄林尽快郁闭，增强林木的竞争力和林分抵御灾害的能力。据研究，落叶松林年养分吸收量为197384kg/hm^2，但其归还量仅占吸收量的61.64%；30~75年生的鹅耳枥、水青冈林每年吸收92kg/hm^{2}的氮元素，但其归还量却只有62kg/hm^2；杉木微量元素的年归还量占年吸收量的66.4%；马尾松林的氮、磷、钾归还系数也分别只是吸收系数的23%、26%和29%。归还量与吸收量的差距需要通过施肥给予补充。日本重视幼龄林施肥，采用柳杉林进行施肥试验，使其轮伐期从40年缩短到35年。芬兰相关试验表明，对林地施肥可使林木生长量增加30%。我国许多地方给母树施肥，可使种子的产量增加、质量提高。

氮是植物的主要营养元素之一，植物通过根部从土壤中吸收的氮元素大部分为硝态氮，一部分为铵态氮。硝酸根离子进入植物体内迅速被同化利用，所以积累浓度不高，一般在100mg/kg以内，但在一定的植物条件下，同化速度慢于吸收速度时，硝态氮就在体内积累，也可达到1%以上的高浓度。土壤中氮元素较多或施用过多氮肥，会引起植物体内硝态氮的大量积累。硝态氮的积累还与光照条件、水分状况有关，一般在阴天或黑暗条件下，硝态氮含量高；水分缺乏时，植物体内硝酸盐还原酶活性降低，硝态氮积累也增多。硝态氮对刺激北美黄杉球果的吸收明显比铵态氮好。在炎热干燥的夏季施用氮肥，用硝酸铵要比尿素好。但硝酸盐含氮过多对植物有害，并使植物对自然灾害和病菌的抵抗力降低。据中国林业科学研究院亚热带林业实验中心在江西丘陵黄红壤以4年生杉木幼龄林进行施肥试验的结果表明，杉木幼龄林阶段施氮肥的生长效应不明显，甚至还会出现负效应。肥料可能引起的危害取决于所加的肥料数量与土壤含水量，还取决于肥料物质的盐分指数。例如，硝酸钠根据所加入的每个单位氮计算，在土壤溶液中产生的盐分为尿素的3.7倍；在碱化土中，尿素水解产生的氨和磷酸二铵产生的氨浓度高，均会损害植物的根系，而且剩余的铵离子也会影响植物对其他阳离子的吸收。国内外大量报告说明，氮肥对杨树生长的效果是非常显著的，但不是所有的树种都能对氮肥起正向效果，比如在大多数情况下施氮肥，不能增加加州铁杉的生长量。硝酸盐容易从土壤中淋失而降低肥效，而且流入地表水和地下水中污染水环境。

磷肥对林木生长的效果一般很显著。英国的相关研究表明，在泥炭土上施磷肥的效果很好。日本的相关研究结果证明，赤松、落叶松等比柳杉和日本扁柏对磷肥不足更敏感些，当土壤中缺磷时，树叶会变成深绿紫色或紫色而影响林木生长。我国杉木黄化病也与土壤缺磷有关。

一些试验结果表明，钾肥的肥效不太显著。但有人认为钾肥有抵消氮肥过多的作用，它还有提高树木耐旱、耐寒以及抵抗病虫害能力的作用。

氮肥和磷肥或钾肥配合，以及氮肥和有机肥配合施用，也能提高氮素的利用率。相关试验结果表明，单施尿素时，氮肥利用率只有16.3%；尿素和磷配合使用时，氮肥利用率则达39.6%。

2.1.4 林地施肥的原理

人工林施肥要遵循养分归还学说、最小养分律、报酬递减率、因子综合作用律等，还要考虑植物营养特性即植物营养临界期、植物营养最大效率期。

（1）养分归还学说。19世纪中叶，德国化学家李比希根据前人的研究和他本人的大量化学分析材料，推论出养分归还学说。其内容是：由于人类在土地上种植作物，并把它拿走，这就必然使地力逐渐下降，土壤养分越来越少，因此，要恢复地力就必须归还从土壤中取走的全部养分。养分归还学说还包括以下内容：随着作物的每次收获，必然要从土壤中带走一定量的养分，随着收获次数的增加，土壤中的养分含量会越来越少；若不及时归还土壤失去的养分，不仅土壤肥力逐渐下降，而且作物产量也会越来越低；

为了保持元素平衡和提高产量，应该向土壤施入肥料。

（2）最小养分律。林木所含化学元素多达几十种，但并不都是必需的，不需要都通过施肥来满足、促进生长。对树木生长起决定作用的是土壤中相对含量最少的养分因子，即最小养分律，其原理如装水的木桶（图1-3）。施肥时，要考虑短板效应，即哪种元素在土壤中的含量少且是林木生长的制约元素，就应该施用含该种元素的肥料。例如，盐土中的林木富含钠、海滩上的林木富含碘，则这两种林地就不必施用含钠、碘的肥料。要保证林木

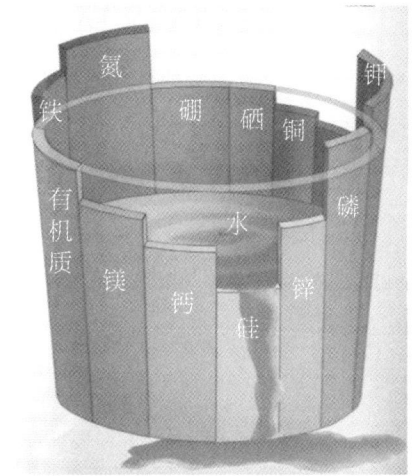

图1-3　**最小养分律原理**

正常生长，必须满足其必需元素的种类、数量及其比例，若某种元素达不到需要的数量，则林木生长就会受到影响，产量也会受到这一最少元素的制约。最少的那种养分就是养分限制因子，也就是说，决定植物产量的是土壤中相对含量最少的养分。

植物必需的营养元素应满足以下标准。

①这种元素对植物的营养生长和生殖生长是必需的。

②缺少该元素，植物会显示出特殊的症状（缺素症）。

③这种元素必须对植物起直接营养作用。

（3）报酬递减律。法国古典经济学家杜尔格提出，从一定的土壤所获得的报酬随着向该土地投入的劳动力和资本数量的增加而有所增加，但随着投入的单位劳动力和资本的增加，报酬的增加量却在逐渐减少。德国学者在前人的工作基础上，通过燕麦施用磷肥的沙培试验，深入探讨了施肥量与产量之间的关系，得出与报酬递减律相吻合的结论，在其他技术条件不变或基本不变的情况下，单纯地增施肥料就会出现报酬递减现象。

（4）因子综合作用律。林地生长力是影响林木生长发育的各种环境条件和生态因子，如养分、水分、光照、温度、品种等综合作用的结果，只有施肥措施与其他林业生产经营技术措施相结合，才能充分发挥施肥的增产增收作用。根据因子综合作用律，科学施肥必须考虑施肥与其他林业措施和环境条件的关系，如土壤水分状况影响作物根系的活力、养分吸收能力、养分在土壤中的运移等，从而影响施入养分的吸收；施肥和灌水相互促进，才能最终反映到正常生长、产量增加、质量提升等方面。

2.1.5 肥料的种类及作用

直接或间接供给林木所需养分，改善土壤理化、生物性质，可以提高林木产量和质量的物质称为肥料。从林木干重所含某种元素的多少和林木对某种元素所需量的多少，可将肥料分为大量元素肥料、中量元素肥料、微量元素肥料。大量元素肥料为氮、磷、钾肥，中量元素肥料为硫、钙、镁肥，微量元素肥料为铁、硼、锌、钼、铜、锰肥。根据肥料的来源、性质、作用可分为有机肥料、无机肥料、微生物肥料。不同树种造林当年的施肥量标准见表1-1。

表1-1 不同树种造林当年的施肥量标准　　　　　单位：g/株

树种	氮肥	磷肥	钾肥
柳杉	8~12	5~7	5~7
日本扁柏	8~10	5~6	5~6
日本赤松	6~8	4~5	4~5
日本落叶松	8~10	7~8	5~8
日本黑松	6~8	4~5	4~5
库页冷杉	8~12	5~7	5~7
杨树	24~40	16~28	12~34
桉树	16~32	10~20	8~27
泡桐	24~48	16~32	12~40
其他阔叶树种	8~10	7~8	5~8

（1）有机肥料。有机肥料是以含有机物为主的肥料，如堆肥、厩肥、绿肥、泥炭（草炭）、腐殖酸类肥料、人粪尿、家禽粪、海鸟粪、油饼和鱼粉等。有机肥料含多种元素，故称完全肥料；有机肥料中的有机质施入土壤，要经过土壤微生物分解，通过矿化过程、腐殖化过程才能被林木吸收，故又称迟效肥料；有机肥料肥效长，故又称长效肥料。有机肥料的作用特点是培肥土壤效果显著，有利于形成良好的土壤结构；提供有机营养物质和活性物质，如胡敏酸、维生素、酶及生长素等，可促进植物新陈代谢，刺激作物生长，能够为林木提供多种养料，经常使用有肥料的土壤一般不易发生微量元素缺乏症。

（2）无机肥料。无机肥料又称矿物质肥料，包括化学加工的化学肥料和天然开采的矿物质肥料，如氮、磷、钾、硫、硼、锌、钼、铜、氯肥等。氮肥为化学加工肥料，磷肥多为天然开采的矿物质肥料。无机肥料的作用特点是：主要成分易溶于水，会造成土壤板结。

（3）微生物肥料。微生物肥料是指含有大量活的有益微生物的生物性肥料，如5406抗生菌肥料固氮前有植物生长所需要的营养元素，它以微生物生命活动来改善作物的营养条件，发挥土壤潜在肥力，刺激植物生长，抵抗病菌对植物的危害，从而提高植物生长量。

2.1.6 林地施肥的技术要素

林地施肥一定要注意提高肥料利用率，提高经济效益，做到合理施肥。在实施过程中，要遵循以下几个技术要求。

（1）明确施肥目的。以促进林木生长为主要目的时，应考虑林木的生物学特性，以速效养分与迟效养分相配合，适时施肥；以改土为目的时，则应以有机肥为主。

（2）按土施肥。依据土壤质地、结构、pH、养分状况等，确定合适的施肥措施和肥料种类。例如，缺乏氮和有机质的林地，以施氮肥和有机质为主；红壤、赤红壤、砖红壤林地及一些侵蚀性土壤应多施磷肥；酸性沙土要适当施钾肥；沙土施追肥的每次用量要比黏土少；降低土壤pH可施硫酸亚铁，提高土壤pH可施生石灰。

（3）按林木种类施肥。不同的树木有不同的生长特点和营养特性，同一种林木在不同生长阶段的营养要求也有差别。阔叶树种对氮肥的反应比针叶树种好；豆科树木大都有根瘤，它们对磷肥的反应较好；橡胶树要多施钾肥；幼树主要是营养生长，以长枝叶为主，对氮肥的用量较高；母树使用以磷、钾为主的氮磷钾全肥，可以提高结实量和种子质量。

（4）根据气候条件施肥。在气候诸因素中，温度与降水对施肥的影响最大。它们不仅影响林木吸收养分的能力，而且对土壤中有机质的分解、矿物质的转化、养分移动及土壤微生物的活动等都有很大影响。例如，氮肥在湿润条件下利用率高，雨后施追肥宜用氮肥；叶面喷洒磷肥时，在干热天气条件下效果更好；一般土壤温度在6~38℃，随着温度的升高，根系吸收养分的速度加快，最适宜根系吸收养分的温度是15~25℃；光照充足，光合作用增强，因此随着光照增加可适当增加施肥量。

（5）根据肥料特性施肥。不同肥料的养分含量、溶解性、酸碱性、肥效快慢各不相同。选用时要根据肥料的性质与成分以及土壤肥力状况，做到适土适肥、用量得当。用量少，达不到施肥的目的；用量过多，不仅造成浪费，还会造成环境污染等不良影响。磷矿粉、生石灰仅适用于酸性土壤，石膏、硫黄仅适用于碱性土壤。改良碱性土宜选用酸性无机肥料，同时大量施用有机肥；改良酸性土宜选用碱性肥料和接种土壤微生物，配以大量有机肥。

2.1.7 林地施肥的方法

（1）撒施。撒施是把肥料直接均匀撒在地面上或与干土混合后均匀撒在地面上，再覆土或灌溉。撒施肥料时，要避免撒到林木叶子上。撒施追肥以性质较稳定的肥料为宜。

（2）条施。条施又称沟施，是在林木行间或近根处开沟，将肥料施入沟内，然后覆土（图1-4和图1-5）。条施可选择液体追肥，也可干施。液体追肥，应先将肥料溶于水，浇于沟中；干施时，为了撒肥均匀，可用干细土与肥料混合后再撒于沟中，最后用土将肥料加以覆盖。沟的深度依肥料性质和林木根系发育状况而定，一般7~10cm为宜。沟施的优点是养分集中在根系附近，利用率高，可避免挥发或淋失，但花费的时间和人力较多。

（3）灌溉施肥。肥料随同灌溉水进入林地的过程称为灌溉施肥。也可将肥料溶于水中，浇在行间沟或穴内，浇后覆土。如有滴灌设施，可将肥料溶于水中，通过管道设施以水滴方式浇灌。灌溉施肥可以节省肥料的用量和控制肥料的入渗深度，同时可以减轻施肥对环境的污染。在干旱年份或干旱地区浇灌效果最好。

（4）根外追肥。根外追肥又称叶面追肥，是把速效肥料溶于水中，然后喷施于林木的叶子上。根外追肥的优点是效果快，能及时供给林木所需的营养元素。根外追肥一般在急需补充磷、钾或微量元素时使用。根外追肥一般要喷3~4次，才能取得较好的效果。如果喷后两日内降雨，雨后应再喷1次。根外追肥的不足之处在于喷到叶面上的肥料溶液容易干，不易被林木全部吸收利用。根外追肥利用率的高低，很大程度上取决于叶子能否重新被湿润。根外追肥的施肥效果不能完全代替土壤施肥，它只是一种补充施肥方法。

图1-4　条施

图1-5　沟施

（5）飞机施肥。飞机施肥不受地面交通条件限制，节省劳力，施肥周期短，适宜大面积林区采用。飞机施肥在发达国家和地区的应用较为普遍。如瑞典在近熟林时期用飞机追施氮肥，每公顷施135kg可使林木生长量增加15%左右。飞机施肥要选择晴朗天气，要选用颗粒大的尿素或硝酸钙等化肥。因为肥料颗粒大，易落到地面，效果好。

（6）测土配方施肥。测土配方施肥是以肥料田间试验、土壤测试为基础，根据植物需肥规律、土壤供肥性能和肥料效应，在合理施用有机肥料的基础上，提出氮、磷、钾及中、微量元素等肥料的施用品种、数量、施肥时期和施用方法。国际上通称的平衡施肥，是联合国在全世界推行的先进技术。

①测土：取土样测定土壤养分含量，如图1-6所示。

②配方：对土壤的养分进行诊断，按照植物需要的营养"开出药方、按方配药"。

③合理施肥：就是在科技人员指导下科学施用配方肥，包括5个核心环节（测土、配方、配肥、供应、施肥指导）和11项重点内容（野外调查、采样测试、田间试验、配方设计、校正试验、配方加工、示范推广、宣传培训、数据库建设、效果评价和技术创新）。

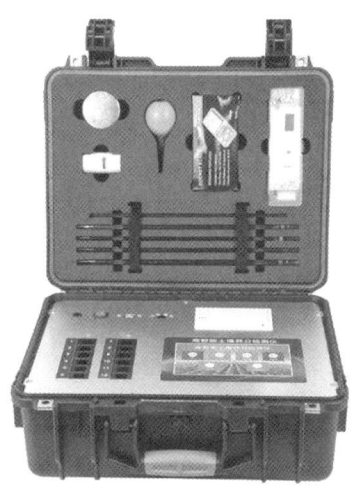

图1-6　LD-GT2型测土配方施肥仪

长期以来，依靠森林自身提高林地肥力的观点应重新审视。对林地肥力相对较差的区域，在土壤分析的基础上，根据树种的需要进行配方施肥。同时，根据林木的生物学特性进行基肥和追肥的施用，保证林木的营养需要，创造高的效益和产量。对速生树种和短周期用材林更应当重视和推广这项措施。

以南方桉树为例，其具体实施方法如下。

①对不同桉树种类、不同土壤类型、不同施肥时间、不同施肥种类和不同施肥量的现有人工林进行详细调查。

②不同试验处理桉树人工林土壤和植株分析：选择不同桉树种类、不同土壤类型，测定不同试验区土壤及桉树的养分状况。

③桉树人工林生长和土壤、植株养分的相关分析：根据对不同桉树种类、不同土壤类型、不同施肥时间、不同施肥种类和不同施肥量的桉树人工林土壤、桉树不同器官养分含量和桉树生长状况的测定结果进行相关分析，研究桉树人工林养分缺乏状况，据此得出不同种类桉树对不同肥料种类、不同施肥时间和不同施肥量需求的反应。

④养分胁迫的验证和区域平衡施肥配方的确定：在人工气候室内进行不同桉树种类的苗木盆栽胁迫试验，验证不同种类桉树对不同肥料种类、不同施肥时间和不同施肥量需求的反应。根据配方在生产上应用的情况和桉树生长效果，进一步修订桉树测土配方，最终确定不同桉树种类、不同土壤类型和不同立地条件下桉树测土施肥配方。

2.1.8 林地施肥实例

以下以毛竹林为例，介绍其丰产施肥技术。

（1）有机肥。竹林施肥最好是以有机肥为主，施有机肥可结合深翻，沿等高线开沟施入，沟距1.5m，沟深25~30cm，施后覆土。每公顷施饼肥6000~7500kg，或施猪、牛畜肥750~900kg。施肥季节在冬季。

（2）化肥。施化肥最好用氮、磷、钾比例合理的毛竹专用复合肥，并注意施肥时间、方法和施肥量。一般在2月（笋前肥）、4~5月（促鞭肥）、8~9月（笋肥），后两次结合松土除草进行。施肥方法可采用隔带挖沟施或开环形沟施（图1-7）、结合翻土全面撒施、株穴施、竹蔸施肥（打通竹蔸内的竹节，施后覆土）。每次每公顷施专用复合肥450kg左右。

图1-7 毛竹林施化肥

如施一般化肥，应将氮、磷、钾按一定比例（6:3:1）配成复合肥料，这样施入土中效果好，施肥量为30~50kg。

（3）毛竹增产素。还可采取竹秆注射毛竹增产素等根外施肥方法。由福建农林大学研制的富神HZB毛竹增产素具有促进毛竹吸收氮、磷、钾、硅、钙等元素的作用，可提高毛竹体内新陈代谢过程中各种酶的活性，增强毛竹的抗逆性和抗病虫害能力，增加叶绿素含量，提高光合作用速率，促进毛竹的生长。该增产素在福建省建瓯、顺昌、建阳、尤溪等地应用较为普遍，效果较好。

据调查，使用毛竹增产素平均可增加新竹株数585株/hm^2，增产66%左右。使用方法一般以竹秆注射为主，其操作方法是：距地面20~30cm，先用钢钎打孔至竹腔内，再用大型注射器施毛竹增产素，每株可用5mL（原液1mL+水4mL），一般在每年9~12月于深翻或全锄的竹林中或结合冬季抚育时注射，每公顷大约需要注射这种增产素15瓶（1500mL）。

（4）微生物肥。利用有益的微生物如根瘤菌、菌根菌等，如由日本比嘉照夫教授研制的EM技术具有改良土壤、增加肥力、有效促进土壤中有益微生物活动、促进毛竹增产的作用，可逐步取代化肥、农药的作用。使用方法是：原液在有机肥和水的作用下发酵5~7天，挖沟宽30cm、深20cm后把肥料施入沟内并覆土；也可用1份原液和100份水（最好是井水、泉水、干净的河水，如用自来水应先暴晒1天后方可使用）稀释后浇灌。

（5）ABT增产灵。目前，采用比较多的为ABT5号增产灵。使用方法是：在秋冬季进行，每株可使用药剂30mL，可采用以下3种施肥方法。

①注射法：在毛竹的基部用木工钻钻一小孔，将配好的药液注入毛竹中空的节间，任其吸收输送至鞭根部，促使笋芽发育生长。

②浇蔸法：在毛竹根基部挖开约20cm深土层，用带刻度的量杯量取药液直接浇在根系和穴内土壤中，后覆土。

③浇鞭根法：在挖冬、春笋时将ABT增产灵直接浇在鞭根和笋芽上。施用ABT增产灵有明显的增产作用，可增产新竹16%~27%，产笋率提高70%左右。

2.2 栽种绿肥作物

我国栽种绿肥作物的历史悠久，是世界上最早使用绿肥的国家。农业上肥料的概念是：凡绿色植物的青嫩部分经过刈割搬运，或者就地直接耕翻埋入土中可作为肥料的称为绿肥。从林地管理方面看，绿肥的范围有所扩大。绿肥作物指可以用来作为肥料，能够提高土壤肥力而栽种的植物。通常低产林地上栽种的改良土壤的树种也可称为绿肥作物。目前，在林地培肥、低产林改造过程中，栽种绿肥作物是常用的措施之一。

2.2.1 绿肥作物的作用

绿肥是我国传统的重要有机肥料之一，在林地上引种绿肥作物和改良土壤树种，既能增进土壤肥力又可改良土壤结构，其主要作用如下。

（1）扩大有机肥源。种植绿肥作物可增加林地有机肥料。各种绿肥作物的幼嫩茎叶含有丰富的养分，一旦在土壤中腐解，能大量地增加土壤中的有机质和氮、磷、钾、钙、镁以及各种微量元素。每1000kg绿肥鲜草，一般可供出氮6.3kg、磷1.3kg、钾5kg，相当于13.7kg尿素、6kg过磷酸钙和10kg硫酸钾。绿肥作物的根系发达，如果地上部分产鲜草1000kg，则地下根系就有150kg，能大量增加土壤有机质，改善土壤结构，提高土壤肥力。

（2）增加土壤氮元素。绿肥作物有机质丰富，含有氮、磷、钾和多种微量元素等养分，它分解快，肥效迅速。豆科绿肥作物具有生物固氮能力，一般每公顷林地每年可增加氮元素37.5~112.5kg，高的可达161kg，相当于尿素3.5~150kg。不同的季节，绿肥作物氮、磷、钾的含量不同,如冬季和夏季绿肥作物氮、磷、钾的含量分别如表1-2和表1-3所示。

表1-2 冬季绿肥作物氮、磷、钾的含量

绿肥作物	氮肥/%	磷肥/%	钾肥/%	每1000kg鲜草相当于		
				硫酸铵/kg	过硫酸钙/kg	硫酸钾/kg
田菁	0.41	0.08	0.16	18.63	4.00	3.30
豌豆	0.51	0.15	0.52	22.42	7.50	14.00
紫云英	0.48	0.12	0.50	21.80	6.00	10.00
蓝花草	0.44	0.15	0.30	20.00	7.50	6.20
蚕豆	0.58	0.15	0.49	26.36	7.50	9.80
芸苔(油菜)	0.46	0.12	0.35	21.70	6.00	7.00
荞麦	0.39	0.11	0.40	25.00	5.50	8.00

表1-3 夏季绿肥作物氮、磷、钾的含量

绿肥作物	鲜草产量/(kg/亩)	分析部分	水分/%	氮肥/%	磷肥/%	钾肥/%
日本草	1531	茎叶	69.20	2.611	0.913	1.182
		根系		1.478	0.133	
四方藤	1000	茎叶	81.38	1.823	1.823	1.157
		根系		0.795	0.795	
印尼绿豆	1400	茎叶	76.00	1.675	0.187	0.805
		根系		1.265	0.155	
三叶猪屎豆	1500	茎叶	66.40	2.660	0.148	—
		根系		1.129	0.146	
印尼豇豆	1400	茎叶	77.50	2.642	0.184	—
		根系		1.579	0.094	

注:1亩≈666.7m^2。

(3)富集与转化土壤养分。有的绿肥作物根系入土较深,可以吸收土壤底层的养分,使耕层土壤养分丰富起来。例如,十字花科的绿肥作物对土壤中难溶性磷酸盐有较强的吸收能力,可提高土壤有效磷的含量。绿肥作物在生长过程中的分泌物和翻压后分解产生的有机酸能使土壤中难溶性的磷、钾转化为作物能利用的有效磷、钾。

（4）改善土壤结构和理化性质。绿肥腐解过程中所形成的腐殖质，能促使土壤团粒结构的形成，改变黏土和沙土的耕性，增加土壤的保肥保水能力，提高土壤微生物的活性，提高土壤缓冲作用，调节水、肥、气、热的性能，有利于作物生长。

（5）改良土壤，防止水土冲刷。绿肥含有大量有机质，能改善土壤结构，减少水、土、肥的流失。有些绿肥作物还可防杂草，以及提供饲料和其他副产品。

（6）投资少，成本低。绿肥作物只需少量种子和肥料，就地种植，就地施用，节省人工和运输力，比化肥成本低。

（7）综合利用，效益大。绿肥可作饲料喂牲畜，发展畜牧业，而畜类可肥田，互相促进；绿肥还可作沼气原料，解决部分能源问题，沼气池肥也是很好的有机肥和液体肥；一些绿肥作物如紫云英等是很好的蜜源，可以用来养蜂。所以，发展绿肥能够促进林业全面发展。

2.2.2 绿肥作物的种类

我国地域辽阔，植物资源丰富。据调查，有价值的绿肥作物资源有670余种，已栽培利用和可栽培利用的有300余种，常用的有30余种。绿肥作物按其来源可分为天然绿肥（各种野生绿肥作物、杂草以及灌木幼嫩枝叶）和栽培绿肥；按其科属及固氮与否可分为豆科绿肥（如紫云英、苕子、田菁、苜蓿、紫穗槐等）和非豆科绿肥（肥田萝卜、油菜、黑麦草等）；按其生长季节可分为夏季绿肥（猪屎豆、木豆等）和冬季绿肥（巢菜等）；按其生长期可分为一年生绿肥和多年生绿肥（紫穗槐、胡枝子、羽扇豆等）；还可分为草本、灌木、乔木（刺槐、赤杨、木麻黄、桦木等）绿肥。

2.2.3 绿肥作物的种植方式

绿肥作物种植有以下几种方式。

（1）单作绿肥。单作绿肥即在同一耕地上仅种植一种绿肥作物，而不是同时种植其他作物。如在开荒地上先种一季或一年绿肥作物，以便增加肥料和土壤有机质，利于后作。

（2）间种绿肥。间种绿肥指在同一块地上，同一季节内将绿肥作物与其他作物相间种植，如在玉米行间种植竹豆、黄豆，甘蔗行间种植绿豆、豇豆，小麦行间种植紫云英等。间种绿肥可以充分利用地力，做到用地养地。如果是间种豆科绿肥，可以增加主作物的氮元素，减少杂草和病害。

（3）套种绿肥。套种绿肥指在主作物播种前或在收获前在其行间播种绿肥，如在晚稻乳熟期播种紫云英或苕子、麦田套种草木木樨等。套种除有间种的作用外，还可使绿肥充分利用生长季节，延长生长时间，提高绿肥产量。

（4）混种绿肥。混种绿肥指在同一块地里，同时混合播种两种以上的绿肥作物，如紫云英与肥田萝卜混播、紫云英或苕子与油菜混播等。谚语说："种子掺一掺，产量翻一番"。豆科绿肥与非豆科绿肥、蔓生绿肥与直立绿肥混种，使其相互间能调节养分，蔓生茎可攀缘直立绿肥，使田间通风透光，所以混种产量较高，改良土壤效果较好。

（5）插种或复种绿肥。插种或复种绿肥指在作物收获后，利用短暂的空余生长季节种植一次短期绿肥作物，以供下季作物做基肥。一般是选用生长期短、生长迅速的绿肥品种，如绿豆、乌豇豆、柽麻、绿萍等。这种方式的好处在于能充分利用土地及生长季节，方便管理，多收一季绿肥，解决下季作物的肥料来源问题。

2.2.4 栽种绿肥作物的注意事项

栽种绿肥作物应注意以下问题。

（1）选择绿肥品种应注意其特性。首先，要注意绿肥作物的生长期和抗逆能力，以及对土壤条件的要求。例如，大多数苕子品种只适合在长江以南种植，但光叶紫花苕子却可种到淮河以北地区，并且生长良好。豆科绿肥作物的根瘤菌适宜在中性左右的酸碱度环境下生长活动，当土壤pH在4～4.4时，紫云英根部的根瘤菌就会死亡。又如，紫云英喜欢湿润而不积水的土壤，它的耐旱、耐低温的能力较差。许多绿肥作物怕涝，但田菁耐涝性强，而且耐盐性也很强。

（2）要开好排灌沟。"种绿肥不怕不得收，只怕懒人不开沟。"多数绿肥作物怕涝，一般要做到水多时能排，干旱时能灌。

（3）注意适时播种。适时播种，不仅产量高，品质也好。各地气候条件不同，播种具体日期应根据各地条件和绿肥作物的特性来决定，最可靠的办法是通过对比试验选择最好的播种期。华南地区，夏季绿肥作物宜在3月下旬至4月上旬播种，冬季绿肥作物宜在10月播种。

（4）种绿肥作物也要施一定的肥料。有人认为绿肥作物适应性强，不需要施肥，本身作为肥料还要施肥没必要，这种看法是不科学的。虽然绿肥作物吸收养分的能力较强，但它也是作物，生长发育仍然需要一定的养分，缺肥产量就不高。以豆科绿肥作物来说，虽然它能固定空气中的氮元素，但在生长初期和生长旺盛期也需要一定的氮元素养分，如果此时能适当施些氮肥，就会获得良好效果；绿肥作物对磷元素也很敏感，如土壤中有效磷含量低，会大大影响生长发育。故应适当施肥来满足绿肥作物的需要，以取得"小肥养大肥"的效果。

（5）注意做好绿肥作物留种工作。种子是基础，所以要加强绿肥作物的良种选育和繁殖工作。

2.2.5 合理施用绿肥

合理施用绿肥要做好以下工作。

（1）适时翻压。翻压过迟，绿肥植株老化，养分多转移到种子中，茎叶养分含量较低，而且茎叶碳氮比大，在土壤中不易分解，降低肥效。一般豆科绿肥植株适宜的翻压时间为盛花至谢花期，禾本科绿肥植株最好在抽穗期翻压，十字花科绿肥植株最好在上花下荚期翻压。间、套种绿肥作物的翻压时期，应与后茬作物需肥规律相互合拍。

（2）翻压方法。先将绿肥茎叶切成10~20cm长，然后撒在地面或施在沟里，随后翻耕入土壤中，一般入土10~20cm深，沙质土可深些，黏质土可浅些。

（3）绿肥的施用量。应视绿肥种类、气候特点、土壤肥力的情况和作物对养分的需要而定。一般每公顷施15~22.5吨鲜苗基本能满足作物的需要，施用量过大，可能造成作物后期贪青迟熟。

（4）绿肥的综合利用。豆科绿肥作物的茎叶大多可作为家畜良好的饲料，而其中氮元素的1/4被家畜吸收利用，其余3/4的氮元素又通过粪尿排出体外，转变成很好的厩肥。因此，利用绿肥作物先喂牲畜，再用粪便肥田，是一举两得的经济有效利用绿肥的好方法。

2.2.6 绿肥分解

绿肥施入土壤后，在微生物的作用下进行分解，把有机态养分转变成无机态养分，供作物吸收利用。绿肥在土壤中的分解速率主要受以下因素影响。

（1）绿肥本身的老嫩程度。幼嫩绿色茎叶较之枯老茎叶易于分解，因枯老茎叶纤维素和木质素多、水分少难以分解；切成碎片、细段的容易分解，所以绿肥作物不等老化就要翻压。

（2）绿肥含氮量。碳氮比大的分解困难，碳氮比小的分解较快。因此，施用较老硬的绿肥时可适当加施一些含氮量高的肥料。

（3）土壤水分、温度和酸碱度。适宜的水分和近中性反应的环境有利于微生物的活动，绿肥的分解会较快；土壤干旱、过酸过碱、温度过高或低温都会影响绿肥的分解。

2.2.7 绿肥栽培实例

以紫云英为例，其栽培要点如下。

（1）播种。

①种子处理：在播种前首先选择晴天把种子摊晒1~2天，提高种子的活力；其次准备好拌种肥土，即每公顷用225kg过磷酸钙加适量细干土（或草木灰）混合堆沤5~6天，最后把紫云英种子与肥土拌匀后播种。

②播期与播量：紫云英的播种适期在9月中下旬，播种方式以稻田套播为主，并根据水稻的成熟情况，掌握好紫云英与水稻的共生期（15~20天），播种量每公顷60~75kg，以保证每公顷基本苗达600万株。播种时应保持田面湿润或有薄水层，做到薄水播种、胀籽排水、见芽落干、湿润扎根。

实施机收的田块，可实行翻耕播种。最晚10月底完成播种，播迟了，绿肥产量达不到2000kg以上。同时，要协调土壤水、肥、气、热之间的关系。在耙田时，土壤要不干不湿，水爽泥散，作畦时注意不要把田土踩得太实。

③合理轮作：套种三花混播，三花即紫云英、萝卜、油菜。三花用种量要搭配适当，一般每公顷用紫云英籽37.5kg、萝卜籽3.75kg、油菜籽1.5kg为宜，使绿肥作物形成地面三层花、地下三层根，充分利用空间、阳光和地力，取得绿肥高产。

（2）合理施肥。紫云英本身虽有较强的固氮能力，但为了促进生长，需适量施肥，以达到以磷增氮、小肥换大肥、无机肥换有机肥的目的。于12月上中旬，在100kg磷肥拌种基础上，每公顷再施磷肥225kg，不拌种施基肥的每公顷施磷肥375~450kg，以增强幼苗的抗寒能力，减轻冻害；立春节气后每公顷施尿素75kg左右，促进春发。紫云英施用硼、钼肥增产效果好，可根外追施。合理施肥对促进生根增瘤、分枝壮苗十分重要。

（3）及时除草。绿肥田苗期通常杂草为害较重，严重影响绿肥扎根和对养分的吸收，因此，必须及时进行除草防治。一般在幼苗老健时，每公顷用10.8%盖草能乳油600mL兑水750kg喷防。

（4）春后翻压。

①翻压时间：当绿肥产量较高、养分积累较多时可进行翻压。紫云英的翻压适期一般在4月下旬盛花期后5天左右或水稻播种前30天左右，防止紫云英在腐解过程中产生的硫化氢等影响后茬水稻的正常生长。

②翻压深度：绿肥翻压深度一般为15~20cm，翻压过深会因缺氧而不利于发酵，过浅则不能充分腐解发挥肥效。绿肥翻压后应及时灌水，加速分解腐烂，提高绿肥转化率。

2.3 凋落物保护

凋落物一般是指自然界植物在生长发育的过程中所产生的新陈代谢产物，是植物地上稳定的所有有机质的总称。森林凋落物及其形成的森林腐殖质是森林土壤的重要组成。我国已将森林调落物纳入森林资源保护范畴依法进行监管，禁止经营单位和个人进行商业开发。

2.3.1 凋落物成分

一般森林生态系统中凋落物包括落枝、倒木、枯立木、落叶、落皮、枯死草本等。各组分在凋落物中所占比例不尽相同，一般落叶所占比例为49.6%～100%，枯落枝所占比例为0%～37%，其他组分所占比例约为10%。森林凋落物富含氮、磷、钾和灰分元素，在林内自然状态下的养分循环中，森林凋落物起着重要作用，这种循环能使灰分元素及其他营养元素在土壤中富集，这称为森林的自肥现象。发挥森林的自肥作用，就要保护好林内凋落物。

2.3.2 凋落物作用

森林凋落物对林地的作用不仅是提供营养元素，而是多方面的培肥功能。

（1）凋落物可以提高林木对土壤养分的利用率。凋落物在土壤中分解后，自身可以增加土壤营养物质的含量，还可产生活性物质，提高林木对土壤钙、镁、钾、磷的利用率。

（2）凋落物可以减少水土流失。凋落物在林内可保持土壤水分，在雨季1kg枯枝落叶可吸水2～5kg。饱和后多余的水渗入土壤中，减少了地表径流。凋落物的存在提高了林地保护水土的能力。

（3）凋落物可以提高土壤的水肥保持和供应能力。凋落物转化为腐殖质时，能促使土壤团粒结构的形成，使土层疏松，提高土壤对水分和养分的保持能力和供应能力。

（4）凋落物可以缓和林内土壤温度的变化。凋落物能适当地阻止地面长波辐射，并将土壤与温度变幅大的空气隔开，使林地趋于冬暖夏凉，可延长林木根的生长。

（5）凋落物可以防止林内杂草滋生。凋落物的覆盖能抑制林地杂草的生长，限制杂种种子的萌发和杂草植株的形成。

由以上几点可以看出，森林凋落物能够协调林地水、肥、气、热关系，提高土壤肥力。因此在营林中，要禁止焚烧或搂取林内凋落物，应及时将凋落物与表土混杂，加速分解转化，最大限度地发挥其作用。

2.3.3 凋落物分解

凋落物分解是一个复杂的过程，可分为3个阶段：粉碎、物理淋溶和有机物的分解代谢。凋落物分解过程中的养分迁移出现3种模式：淋溶—释放模式、淋溶—富集—释放模式和富集—释放模式。分解过程受到各种因素的影响，主要有以下3点。

（1）气候温度和湿度。气候温度和湿度被认为是影响凋落物分解最主要的气候因子。全球变暖、二氧化碳浓度升高、降水状况的变化影响着凋落物分解。二氧化碳浓度升高可以通过改变植物凋落物的基本性质和土壤湿度，潜在地改变生态系统分解者群落而间接影响凋落物分解。

（2）不同的植物成分。不同植物的凋落物的化学组成不同，从而影响它们的分解率。常见的凋落物分解指标包括碳/氮、木质素/氮等。凋落物中碳/氮越高，氮的含量越低，木质素含量高，凋落物分解速率越慢。氮沉降可通过改变凋落物的氮含量影响凋落物的分解速率。

（3）微生物和土壤动物。细菌、放线菌、真菌等微生物和蚯蚓、白蚁、昆虫幼虫等土壤动物，全部参与凋落物的分解，且相互之间是协同、共同作用的。土壤动物不仅可以粉碎凋落物，增大凋落物的比表面积，而且其排泄的粪便养分含量丰富，容易分解，同时降低碳/氮，使凋落物更容易分解。此外，土壤动物的排出物为微生物的活动增加了蛋白质、生长物质，刺激了微生物的生长。土壤微生物也是影响凋落物分解的重要因素。参与凋落物分解的异养微生物中，细菌占优势，数量是菌落总数的96%~99%。

● 实训情境

1. 实训内容

先在教室或实训室学习，利用多媒体演示学习肥料种类、施肥方法及绿肥作物特征等。之后到实习林场（或校内实训基地）选择幼龄林林地和种植绿肥作物林地及林下存在凋落物的林地进行现场参观与动手操作。

2. 实训工具材料

肥料、锄头、劈刀、钢卷尺、铅笔、纸张等。

3. 实训场景

在实习林场先进行常见肥料识别；在幼龄林林地进行土壤元素调查及不同施肥措施操作。因不同树种、不同林分林地，其土壤条件不同，在不同地区可选择当地的主要树种进行施肥方法练习。操作前先请有关技术人员介绍相关情况，教师进行操作要点讲评。然后学生现场操作，教师指导并总结。

● 任务实施

一、林木营养诊断

林木营养诊断是预测、评价肥效和指导施肥的一项技术工作，常用的有土壤分析法、叶片诊断法、DRIS法、超显微解剖结构诊断法等。

1. 实施过程

（1）土壤分析法。土壤分析法一般测定土壤的有效养分，其分析结果可以单独或与植株结合来判断养分的丰缺。植物需要的营养元素主要来自土壤，因此土壤中某一营养元素的欠缺程度必然会影响植物的吸收量。

分别在某一树种生长正常地点及出现缺素症状的地点，各取5~25份土样，按土壤学的方法测定各种营养元素的含量，对比两地土样养分含量差异，进行营养分析，即可得知土壤中缺乏哪些营养元素。用土壤养分含量来反映林木的营养状况具有很大的实用价值，土壤中某养分元素含量高低可以提示其缺乏的可能性，具有重要参考价值。

（2）叶片诊断法。植物缺乏某一营养元素，在形态上表现出特有的症状，即所谓的缺素症。由于元素不同、生理功能不同，其症状出现的部位和形态有不同的规律，特别在叶片上表现得更为明显。叶片会表现出一些症状，利用这一现象进行缺素症判断，指导合理施肥，称为叶片诊断法。叶片诊断法简便易行，运用得较多。

①杨树缺素诊断：缺氮植株整个叶片由绿色变为黄褐色，一般从下部叶片开始黄化，逐步向上扩展，严重时叶片薄而小，植株生长缓慢；缺磷植株根系发育不良，次生根形成少，地上部分表现为生长缓慢，茎叶生长不良，叶片深绿色、发暗、无光泽，下部叶片和茎基部呈紫红色，严重时叶片焦枯而脱落；缺钾植株表现为生长速度缓慢，叶脉和叶缘之间出现黄绿色，甚至出现溃疡。

②紫和叶起枯斑：幼嫩针叶呈绿色或黄绿色，老针叶明显发紫，紫色随缺素程度加深。某些缺素严重情况下，针叶发紫并出现枯斑，顶端枯萎。缺锰严重时，顶端针叶出现枯斑，继而新叶顶端呈现黄色。

③果树缺素诊断：缺铜时，常发生梢枯，甚至死亡，顶端芽常呈丛生状，叶子的边缘逐渐干枯，最后变成褐色而死。缺素时，柑橘新叶片很薄，呈淡白色，但网状叶脉仍呈绿色；桃树叶脉间变成淡黄色或白色。

（3）DRIS法。DRIS法（诊断施肥综合法）是在大量叶片分析数据的基础上，将植株按产量高低划分为高产组和低产组，用高产组参数中与低产组有显著差别的参数作为诊断指标，以植物叶片中养分浓度的比值与标准的偏差程度评价养分供求状况的方法。

（4）超显微解剖结构诊断法。用电子显微镜扫描组织切片，会发现缺少某种营养元素的细胞结构会出现某些特殊缺陷，包括质体、线粒体等细胞或细胞壁内膜、核膜畸形，这种症状的出现往往早于肉眼可见的症状，因此可作为早期诊断。

2. 成果提交

提交一份叶片诊断树木缺素症的实训报告。

二、识别肥料种类

1. 实施过程

（1）在实验室观察识别无机肥料、微生物肥料的外观特征，并认真查阅各种肥料使用说明书上对该肥料性质、特点、肥力元素含量、使用方法的表述，特别应注意一些肥料有刺激性气味和腐蚀性，实训时应注意安全。

（2）可对肥料的气味、水溶性、熔融性、酸碱性、挥发性及肥力元素含量做些测试，以确定化肥的种类与名称、辨别其真假。例如，有明显刺鼻氨味的细粒是碳酸氢铵，有酸味的细粒是重过磷酸钙（若过磷酸钙有很刺鼻的怪酸味，则说明生产过程中很有可能使用了废硫酸）。分别取1g肥料放入干净的玻璃管、玻璃杯或白瓷碗中，加10mL蒸馏水或干净的凉开水充分摇动，观察溶解情况判断化肥的种类。全部溶解的是氮肥或钾肥，溶于水但有残渣的是重过磷酸钙，溶于水无残渣或残渣很少的是过磷酸钙，溶于水但有较大氨味的是碳酸氢铵，不溶于水但有气泡产生并有电石气味的是石灰氮。选块无锈新铁片，烧红后分别取一小勺化肥放在铁片上，观察熔融情况并判断：冒紫红色火焰的是硫酸铵，冒烟后成为液体的是尿素，熔融成液体或半液体的是硝酸钙，一阵冒烟后又发出点点星火的为硝酸铵，不熔融只汽化且不冒烟的为碳酸氢铵，不熔融仍为固体的是石灰氮或磷肥及钾肥，不熔融伴有汽化且不冒烟而仍为固体的则是铵化磷肥。分别取一小勺化肥放在烧红的火炭上判断：剧烈燃烧、冒烟起火、有氨味并夹带咔咔响声的是硝酸铵，无氨味的是氯化钾，无剧烈反应、有氨味、有响声的是硫酸铵，有浓烟有氨味的是尿素和氯化铵。

（3）根据观察与测试，将实训用的肥料进行类型划分。

（4）到实习林场观看所用过的有机肥料，并请林场技术人员讲解三大种类肥料各自的特点、性质、使用效果。

2. 成果提交

提交一份不同肥料特征识别及类型划分的实训报告。

三、林地施肥技术

在林业生产中，肥料施用方法可分为3种：种肥、基肥和追肥，种肥、基肥是在造林整地、播种、插条、移植或造林之前施用。森林经营管理中的林地施肥主要是追肥。施追肥又分为撒施、条施、灌溉施肥、飞机施肥和根外追肥等方式。

1. 实施过程

（1）判断树木缺少哪一种营养元素。

（2）测定土壤pH。用pH试纸测定土壤的酸碱性。

（3）测定土壤质地。用手测法（指感法）测定土壤的质地（沙、壤、黏）。

（4）确定施肥方式。林分施肥全为追肥。

（5）确定应施什么肥料。一是根据土壤缺失多种营养元素选择肥料（单一肥料或复合肥料）；二是根据土壤酸碱性确定施酸性或碱性肥料，例如，喜酸的香樟、雪松、广玉兰不宜施用化学或生理碱性肥料，茶树、杜鹃也要避免施碱性肥料，酸性土可施适量的石灰或草木灰，碱性土可施适量的石膏或硫黄；三是根据土壤质地确定施有机或无机肥料，一般肥力高的土壤氨肥用量不宜多，多施磷肥、钾肥，熟化程度低、瘠薄的土壤应多施有机肥和种植绿肥，沙土施肥应以半腐熟有机肥为主。

（6）确定施肥方法。根据实际情况选用条施、撒施、叶面喷洒（根外追肥）等，并进行实际操作。林分施肥一般宜采用条施与穴施，即在植物行间或行列附近开沟或挖穴，把肥料施入然后覆土。这种方法把肥料集中施于局部范围内，能提高吸附性养分离子的饱和度，从而提高植物对离子态养分吸收的有效性。林木施肥必须施在树根能吸收到的地方，一般吸收根的分布大约与开展树冠的位置相一致，吸收根大部分集中在树冠投影外缘向内的2/3处，少部分集中在接近树干中心的1/3处，可以以此来确定施肥区域。

（7）施肥量的确定。按树木胸径的大小估算。胸径在15cm以上的树木，按1cm的胸径施250~500g的混合完全肥料，胸径小于15cm的小树可按上述施肥量减半施用。

（8）施肥技术。主要包括土壤测试技术、土壤养分分析、植株全景分析等。这些技术在农业上应用得多，林地施肥要注意借鉴、学习其有用的部分，同时要注意结合实际发展创新林地施肥技术。

2. 成果提交

提交一份林地施肥实训报告。

四、种植绿肥作物

1. 实施过程

（1）先在贫瘠的无林地上栽植绿肥作物或对土壤有改良作用的树种，使土壤得到改良后再进行目的树种造林。

（2）在造林的同时种植绿肥作物，绿肥作物与造林树种混生或间作。

（3）在主要树种或喜光树种的林冠下混植固氮作物或固氮小乔木，以提高土壤肥力。

（4）在低产低效林改造时，可伐除部分原有树种，间种绿肥作物或改良土壤树种。如河南民权林场对沙地加杨低价值林改造时，采用隔行伐掉加杨栽植刺槐或在加杨林下栽植紫穗槐的方法均取得了良好的效果。

2. 成果提交

提交一份种植不同绿肥作物对林地培肥效果影响的实训报告。

五、林下凋落物保护措施实施

1. 实施过程

选择在有不同凋落物保护措施的林中进行实训，分别调查不同保护措施的林地土壤的培肥效果。

（1）营造针阔混交林。混交林结构复杂，林内小气候合理，林下枯枝落叶层厚且易分解，能有效地改善林地土壤结构，维持和提高土壤肥力。

（2）林下发展灌木层。保持森林多样性，进行立体种植，改善林下土壤，减少水土流失，在林地清理、抚育时适当保留或栽育灌木层植物。

（3）及时将凋落物与表土混杂。有些凋落物分解较慢或不易分解，为了促进林内凋落物分解，可将凋落物与表土进行混杂，促进有机物分解，增加土壤肥力和改善土壤结构。

（4）施氮肥、磷肥。针叶林凋落物中氮等主要元素相对贫乏，疏伐与化学肥料的使用，尤其是氮肥和磷肥的施用，能够明显促进凋落物的分解。

2. 成果提交

提交一份不同凋落物保护措施效果的实训报告。

拓展知识

广西壮族自治区林业局"广西桉树人工林配方施肥技术研究与示范推广"项目由广西林科院主持，广西高峰林场、广西理文林业科技发展有限公司、广西七坡林场、南宁良凤江国家森林公园等单位合作完成。项目组50多名科技人员历经7年的科技攻关和示范推广，在林木营养诊断配方施肥技术方面取得了重大研究成果，为以桉树为主的广西林浆纸一体化产业可持续发展提供了坚实基础。

项目实施后，试验示范林平均年生长蓄积量43.3m^3/hm^2，比国家林业行业Ⅰ类立地条件桉树速生丰产林的标准（30m^3/hm^2）提高44.33%，新增商品材107.58×10^4m^3，经济效益显著。

项目按照桉树不同生长阶段需肥规律和阶段性营养丰缺程度，结合肥料养分利用率，通过多次盆栽试验和大量田间试验示范研究、总结、提炼。所研制的桉树专用肥实行大量元素、中微量元素、稀土元素、有机养分的科学配比，速效、缓效和长效相结合，符合通过提高平衡营养来培育健康植株和提高植株抗性的现代林木施肥理念。

针对广西林地土壤养分现状，项目制定了标准《桉树速丰林配方施肥技术规程》（LY/T 2749—2016），首次编制广西桉树林地土壤养分分布图和桉树生长营养诊断图谱，并采用沙培盆栽试验研究桉树养分胁迫症状，技术可操作性强。项目成果总体达到国内同类研究领先水平。

桉树纯林种植、过度开垦、不合理规划布局及不科学的耕作措施所引发的生态问题，一直以来是科学家所争议的焦点，同时也是制约桉树发展的瓶颈。因此，采用科学规划种植，并应用先进的科学技术成果来经营桉树人工林，则可在取得桉树经济效益的同时获得较好的生态效益和社会效益。

● 巩固训练

（1）林地施肥训练。要因地制宜，针对不同土壤条件采取不同的施肥措施（包括不同肥料种类、施肥量及施肥方法），有条件最好先进行营养诊断。

（2）结合本地实际。选择当地主要的造林树种进行训练，在训练时应充分搜集有关资料，参考当前成熟的施肥经验。

（3）种植绿肥作物。应以不影响林木生长为原则，根据当地通过试验获得的比较成功的经验，在树种选择上尽量考虑豆科植物和养地能力好的植物。

（4）凋落物保护训练。一般在立地条件较差，且林下凋落物比较丰富的林分中进行。

（5）凋落物保护。凋落物保护对针叶树林分及南方杉木连栽地特别重要。训练时尽量选择在这些林分中进行，更能说明训练效果。

（6）学生训练。应尽量参照国家林业标准、技术规程和技术规范，并结合地方标准开展有关操作工作，或者按照相关技能证书的要求进行操作。

任务3 林地间作

● 任务描述

林地间作是林地抚育的重要内容，可先在教室或实训室里进行理论知识学习，了解林地的条件及注意事项，掌握不同间作类型的特点，然后现场调查间作林地的状况，并正确选择间作植物及确定适宜的间作措施。主要通过完成具体的实训项目，从间作林地调查、间作植物选择、间作方式确定及间作措施等实训的实施完成实践的全过程，并对工作效果进行评估，撰写成果报告。

● **任务目标**

1. 认识林地间作的作用及有关概念，能区别林地间作与农林复合经营的关系。
2. 能正确选择合理的间作植物，采取合理的间作措施。

● **知识准备**

3.1 林地间作的概念

林地间作又称林内间作，指在林内间种其他植物，充分利用自然条件，使之形成既有利于目的树种生长，更好发挥林分生态效益，又能增加短期收益的复合型植物群落的营林措施。林地间作可以达到以耕代抚（在间作区对间作作物进行中耕、除草、施肥等耕作措施时，也等于对林木进行抚育，达到促进林木生长的效果）、以副促林、一林多用、一地多用的效果，这从生物学和经济收益方面看都具有重要意义。林地间作的主要目的之一是改善和保护林地，为林木生长创造良好的条件。林地间作可以说是农林复合经营的一部分，但与农林复合经营又有一定的区别。农林复合经营是同一土地上将农作物生产与林业、畜牧业生产同时或交替结合起来，使土地总生产力得以提高的经营措施。农林复合经营一般以农为主，林地间作则是以林为主。

我国林内间作历史较长，以前间种作物主要是粮食、蔬菜，因此人们说起林下种植常称为林农间作。当今林下种植多种多样，间种作物不仅有粮、菜，还有药材、花卉、牧草、编织条等，所以称林地间作更有概括性、更为合适。

近年来，国家及一些地方十分重视林下经济发展，在时间、空间上谋划提高林地生产力和非木质资源利用效益，保护森林生态，构建各种林农牧副复合经营或多种经营的模式，以达到山区经济组织和林农个人增加经济收入的目的。

3.2 林地间作的优点

（1）能提高林地光能利用率。由于提高了覆盖度，增加了群落总叶面积，从而扩大了立体用光幅度，减少了漏光，提高了反射光的利用。因此，单位面积林地的光能利用率增加，单位面积的生物产量增加。如福建省泰宁县杉城镇胜二村杨坑垄山场开展林冠下种子直播种植草珊瑚试验，在杉木林中空地上套种草珊瑚，19个月全面收割，其单位面积林地上植株生物量达到3036kg/hm²，产值达到了18220.8元/hm²；在毛竹林下套种两年半，其单位面积全株生物量达到了5036.62～7876.53kg/hm²，产值达30220～47205元/hm³，栽培30个月的草珊瑚药材异嗪皮啶含量超过《中国药典》规定的标准。

（2）可更有效地利用地力。林木和间种作物根系性质不同，它们在土壤中的分布层次、吸收营养物质的种类及数量也不完全相同。间作后林地作物根系总容积增大，从而能更充分地利用地力。如泡桐与小麦间作，泡桐根系多分布在40cm以下的土层中，而小麦根系则多分布在30cm以上的土层中。

（3）可保护或提高土壤肥力。覆盖林地的作物，其枝叶和浅表土层的根系在雨季可起到保持水土的作用，减少地表径流，保护土壤肥力。死掉的根、枯落的枝叶可转化为土壤腐殖质。

（4）可促进林木生长。依据林木和间作植物的生物学特性，利用种间共生互补的生态学原理选择林下植物，可促进林木生长。例如，广为采用的林下种植养地作物苜蓿、紫穗槐、花生以及东北的林参同作，均能促进林木的生长。主要间作绿肥作物养分含量见表1-4。

表1-4 主要间作绿肥作物养分含量　　　　　　　　　　单位：g/kg

作物种类	鲜重				干重		
	水分	氮	磷	钾	氮	磷	钾
光叶紫花苕子	84.4	5.0	1.3	4.2	31.2	8.3	26.0
蚕豆	80.0	5.5	1.2	4.5	27.5	6.0	22.5
葛藤	84.0	5.0	1.2	8.7	31.8	7.8	55.5
黄荆	—	—	—	—	21.9	5.5	14.3
紫穗槐	60.9	13.2	3.6	7.9	30.2	6.8	18.7
紫云英	88.0	3.8	0.8	2.3	27.5	6.6	19.1
草木樨	80.0	4.8	1.3	4.4	28.2	9.2	24.0
肥田萝卜	90.8	2.7	0.6	3.4	28.9	6.4	36.0
田菁	80.0	5.2	0.7	1.5	26.0	5.4	16.8

（5）可提高经济效益。林地间作克服了林业生产周期长、见效慢的弱点，可获得早期效益，达到以短养长的效果。黄淮海平原的桐粮间作、枣粮间作实现林粮双丰收，深受群众欢迎。桐粮间作作物的产量见表1-5。我国南方的胶茶间作，上层是橡胶树，第二

层是药用树种肉桂萝芙木,第三层是茶树,最下层是中药砂仁。这样把喜光和耐阴程度不同、生长高度不同、根系深浅不同的植物结合起来,上层橡胶树林冠的适当遮阴能减轻春寒对茶叶的危害,下层茶树冠层可以起到削弱风力及蓄积地面热量的作用,从而可以有效地减轻橡胶寒害,其结果可使橡胶产量增加一成,茶叶产量增加一成以上,还可获得一些药材收入。

表1-5 桐粮间作作物的产量　　　　单位:kg/hm²

作物种类	产量	作物种类	产量
大豆	750~900	小麦	1500~2100
豌豆	600~750	马铃薯	1050~1350
豇豆	600~750	油菜	375~525
花生	600~750	荞麦	600~750
芝麻	255~350	旱禾	600~900
甘薯	15000~24000	西瓜	18000~24000

3.3 林地间作的特征

(1)复合性。林地间作是多种植物在时间和空间复合的种植方式,把林业与粮食、经济作物、药材或家禽、家畜及渔业等有机结合起来,各种学科及技术管理相互渗透、相互联系,是一种综合的栽培体系。

(2)集约性。林地间作体系是复合的体系,多种组成成分结合比单一经营林业更为复杂,因此在成分组成、空间配置、时序安排上要精心设计,在经营及技术上也有更高的要求。

(3)系统性。林地间作是按照一定的生态和经济目的人工配置而成的,有其整体的结构和功能,在其组成成分之间有物质与能量的交换和经济效益上的联系,经营目标不仅要注意各组成成分的变化,更要注意其动态联系,并把改善和保护环境、提高单位土地面积的产出和效益作为系统管理的最终目标。

(4)等级性。林地间作具有不同的等级和层次,可以小到以庭院为一个结构单元,大到田间生态系统;或以小流域、地区为单元,直到覆盖广大面积的农田防护林体系。

3.4 林地间作应注意的问题

林地间作应将长远利益和当前利益结合起来，以农促林，以林保农。根据各地实践经验，在进行林地间作时应注意以下几个问题。

（1）必须坚持以林为主。当林下作物与树木发生矛盾时，树让路于间作植物这种主次颠倒的短期行为，必将极大地损坏退耕还林工程的作用。所以，无论是用材林还是公益林，林地间作时必须坚持以林为主。

（2）间种作物的特性必须与林内树种的特性错位互补。林内宜间作耐干旱作物及绿肥作物。速生喜光树种宜间作矮秆耐阴作物，如刺槐间作花生。深根性树种宜间作浅根性作物，如旱柳与玉米间作，旱柳根系深扎，根幅相对较小，玉米根在表层，两者之间水肥矛盾小。同样条件下，柳树和玉米间作，玉米平均每公顷产量在12000kg以上，而杨树与玉米间作，玉米平均每公顷产量只有7500kg左右。

林内不宜间作耗水量大的作物；不宜间作消耗某营养元素量大且与树种相同特性的作物；不宜间作生物化学作用上与林木有相克作用的作物，例如，月桂属植物产生的生化抑制物质酚化合物能使黑云杉受害，紫菀属植物产生的生化抑制物质能使糖槭受害。

（3）经营管理时必须注意保护树木。在对间作作物进行经营管理时，必须保证树木不受机械损伤或不受大的机械损伤。间作时要注意不要过于靠近林木的周围，否则林内通风透光不良，妨碍林木和作物的生长；中耕及收获时要注意加强对林木的保护。

（4）必须采取适宜的间作措施。林地间作栽植前，必须较为细致地整地；栽植后，要勤于中耕除草，以耕代抚，使幼龄林抚育工作能顺利进行，提高栽培质量。但不论采用哪种间作形式，都要注意防止水土流失，要有保护水土的措施。

3.5 农林复合生态系统

新的农林复合生态系统，构建了县域、地貌单元和农户三级系统评价指标体系；明确了农林复合生态系统演替过程中自然与社会驱动力的双向互动关系；研究了不同类型森林系统土壤各组分的呼吸特征，发现了土壤微生物代谢熵是衡量土壤微生物对土壤碳利用程度和反映森林演替及土壤熟化程度的重要指标；首次应用了EISD（可持续发展能源指标体系），定量分析了3种典型基塘农业模式各子系统之间的相互关系及作用机理，这对高效复合农业生态系统的构建和优化具有重要的指导价值；阐明了红壤丘陵集雨区雨水资源化的过程与调控途径；采用同位素^{15}N和^{2}P示踪技术，揭示了林（果）农间作系统中养分竞争利用的本质特征，为农林间作经营系统优化设计和管理提供了科学依据；

提出了维持土壤有机质动态平衡的区域土地经营与管理模式。

农林复合经营模式设计的具体步骤如图1-8所示。

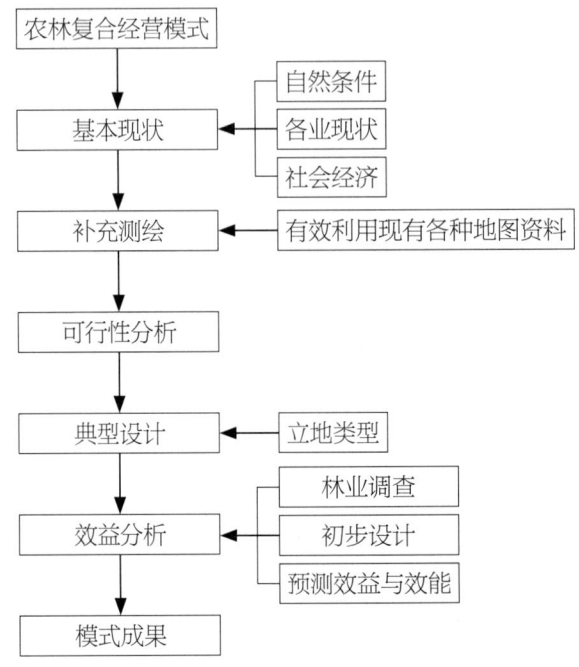

图1-8 农林复合经营模式设计步骤

3.6 林地间作的几种模式及技术措施

因为林地间作可以达到以短养长、以耕代抚、加快林木生长等效果，可提高营林收益、解决部分育林资金，所以许多营林单位和个人都把它作为扩大林业生产、发展多种经营的重要形式，积极采用和推广。各地在工作实践中总结出了许多林地间作的形式，常见的有以下几种。

3.6.1 林-林间作型

林-林间作型指用材林树种和经济林树种混交或经济林树种之间混交。这种形式很多，仅与茶树混交的就有许多形式。常见的混交用材林树种有泡桐、杉木、杨树、侧柏、刺槐、竹子等；经济林树种有橡胶、乌桕、荔枝、板栗、山茱萸、杏、苹果、紫穗槐、黄荆等。

以下介绍河南省灵宝市黄土丘陵区侧柏、紫穗槐间作模式的主要技术措施。

（1）地理概况。该区海拔多在1000m以下，土壤多为褐土，地形破碎，水土流失严重，森林植被少，生态环境十分脆弱。

（2）技术思路。侧柏生物产量低，枯枝落叶少，对土壤改良作用小；紫穗槐生物产量高，条子、叶均改良土壤理化性质。侧柏与紫穗槐间作，二者优势互补，可使林地涵养水源和保持水土能力大大加强，同时达到以短养长的效果。

（3）主要技术措施。

①整地：在干旱瘠薄山地造侧柏林，采取水平阶整地或鱼鳞坑整地方式。水平阶阶面宽0.5~1m，深30cm，长不限，阶距与定植行距相同；鱼鳞坑整地，坑长70cm，宽50cm，深30cm。

②间作方式：采用行间混交方式，侧柏株行距为1.5m×3m，紫穗槐株行距为0.75m×3m。

③抚育管理：对幼龄林应进行松土、除草、培土等抚育措施，当紫穗槐生长过旺时可施行割灌、平茬措施。

④成效和目标：紫穗槐与侧柏间作可提高水土保持效果，促进土壤改良和侧柏生长。紫穗槐从第二年起开始平茬利用，短期内可给营林者带来收益，达到以短养长的目标。

3.6.2 林-农间作型

林-农间作型是一种比较常见的林农结合形式。林木在与作物混合种植时，有些呈不规则的散生状态，有的是按一定的株行距有规律排列的。间作的农作物要选择适应性强、矮秆、较耐阴、有根瘤、根系水平分布的种类，包括小麦、薏米、豌豆、马铃薯、大豆、绿豆、甘薯等，以豆科植物为最好；树种要选择冠窄、干通直、枝叶稀疏、冬季落叶、春季放叶晚、根系分布深的树木，如泡桐、杨树、臭椿、香椿、池杉、沙枣、杉木、毛竹等。图1-9为杨树与玉米间作。

图1-9　杨树与玉米间作

3.6.3 林-牧间作型

林-牧间作型是指在林分内种植牧草。林木能够调节气候、改善环境，给牧草创造良好的生长环境条件；牧草可以发展畜牧业，同时一些牧草可以当作绿肥作物，提高土壤肥力，促进林木生长。牧草选择应以苜蓿等豆科类植物为主，例如蓿草、狼尾草、圆叶决明等。林-牧间作主要包括人工林内间作、封山育林育草、林区育草等模式。

以下介绍陕西省镇安县秦巴山区板栗、紫花苜蓿间作模式的主要技术措施。

（1）地理概况。该区地处秦岭东段南坡，海拔344～2601m，年均降水量840mm，年日照时数1947.4h，太阳辐射通量密度110.86W/m^2，属北亚热带半湿润气候区，适宜多种林木生长。境内山川相间，谷峰相连，地貌特征复杂多样。土层厚度30～50cm，多为黄沙土、沙土和壤土。水土流失严重，干旱连年发生。干旱和水土流失是影响当地林业发展的限制因素。

（2）技术思路。该区是一个农业区，经济基础较差，农民重经济林，轻生态林。为切实解决林种、树种单一，正确处理国家要保护生态环境与群众要经济收入之间的关系，使长、中、短期经济效益结合，社会、生态效益并举，采用板栗与紫花苜蓿间作模式，以求加大防护效能，控制水土流失，改善生态环境，同时可以通过种草，发展畜牧业，促进农村产业结构的调整。

（3）主要技术措施。

①树种、草种选择：根据合理布局、适地适树适草原则，树种选择当地优良品种镇安大板栗，草种以紫花苜蓿为主。

②栽植：板栗采用1～2年生优质壮苗，实行人工植苗方式栽植，春秋两季均可栽植；紫花苜蓿以秋季点播为主。

③采用技术推广：应用覆膜技术、抗旱造林技术提高造林成活率，保证造林的质量和成效。

④抚育管护：注意及时松土除草，防止杂草生长，改善林地条件。可用除草剂清除杂草，提高工作效率。做好板栗的整形修剪和病虫害防治工作。

⑤成效和目标：该模式以提高林地利用率和土壤肥力、减少水土流失、改善生态环境为目标。栗园5年可见成效，10年即达丰产期，每公顷年产2250kg；栗叶、栗枝、栗苞还可继续利用，发展栗蘑，促进食用菌产业的发展；紫花苜蓿当年即可见效，第二年每公顷可产鲜草90吨或草籽1500kg，经济效益相当可观。该模式能够发挥一地多用、一林多层、一劳多效的作用。

3.6.4 林-菜间作型

林-菜间作型是根据林间光照程度和各种蔬菜的不同需光特性科学地选择种植不同种类、品种的模式。可做间作的蔬菜、野菜包括：黄花菜、蕨菜、紫背天葵、马齿苋、鱼腥草、苦菜、薇菜、酢浆草、黄瓜、丝瓜等。

（1）主要造林树种。包括湿地松、杨树、落叶松等。

（2）林下作物选择。可以间作大蒜、青椒、茄子等各类蔬菜。

（3）常见配置模式。包括湿地松-大蒜、落叶松-包菜、杨树-大蒜等。

（4）主要技术要点。用材林实行宽带种植，行距4~8m，经济林行距3~4m；间作作物应距离林木50~80cm。

3.6.5 林-菌间作型

林-菌间作型包括竹荪、草菇、香菇、白木耳、黑木耳、松根菇、红菇等。

以栽培竹荪为例介绍其技术措施。

（1）场地选择。种植竹荪的竹林地要求交通相对便利，靠近水源，郁闭度在0.7以上。此外，土壤应该质地疏松而不易板结，团粒结构好，pH呈酸性。注意不能连作，即本地块及周围上水源地块3年都未曾种过竹荪的地块方可使用。

（2）作畦。竹荪是喜湿又好氧的菌类，其现蕾具有明显的边际效应（即子实体多长在畦边，畦中部出蕾较少），因此畦面不宜过宽，畦床一般以等高线平行方向或因地而异，每隔50~60cm开一条沟，沟宽25~30cm，深15~20cm，沟内待填培养料。要注意雨天进行开沟沥水，以防止雨季积水而造成土壤透气性差，菌丝缺氧窒息死亡。

（3）下料播种。为了防止病虫杂菌为害，种植前需在畦内及四壁处喷洒0.1%菇虫净、0.1%多菌灵，然后再将腐熟培养料铺填沟内，料堆成龟背式的畦，铺料厚3~5cm，每亩需培养料4~5吨。接着，开始播撒块状菌种，菌块大小以拇指指甲大小为宜，按梅花形每隔5~8cm播一穴，每亩用种量需700~800袋，每袋菌种湿重约0.5kg，然后抓一把潮湿麦麸将菌种覆盖。播种后，随即在畦面上覆盖3~4cm厚的碎土粒，且用稻草覆盖1cm，这样有利于菌丝生长，起到保温、保湿、防雨的作用。播种后半个月，在畦床边角处扒开播种层，观察菌种是否萌发与生长以及其长势的强弱，如发现块状菌种变黑，应立即补种，确保菌种的成活率达95%以上。检查时不可在菌床各处全面挖掘检查，否则菌丝断裂，受伤过多，影响正常发菌。

（4）出菇管理。播种后1周，菌丝开始萌发，继而生长，当温度达15℃以上，成熟菌丝渐渐形成菌索，变成菌蕾索，此时温度在23℃左右为宜（正好与气温基本一致）。竹荪菌丝既喜湿，又怕浸，在发菌管理阶段要控制好培养料及覆土的湿度，这样才能促进菌丝正常生长，为高产打下基础。培养料含水量保持在60%~70%为宜，实际操作中用手使劲捏料，发现有小水珠挤出即可，覆土含水量控制在65%左右。干旱时，采用喷水管浇灌。一般每日早晚各喷一次，以少喷、勤喷为主，通常以喷水后手捏土粒变扁，松开后不沾手为湿度标准。从播种到菌球形成需要50~80天。菌索形成后，受湿差、土壤及干湿交替环境的刺激，形成大量原基，经8~15天，原基发育成小菌球，露出土面，空气湿度以85%~90%为好，温度20~26℃，若遇干旱应加强喷水。从小菌蕾出现直至子实体采收需经20~25天。竹荪可多批采收，因此，每潮采收结束，应及时清理畦面，铲除表层和老菌索，补充新培养料并覆土。建议每亩用15kg进口复合肥加1000kg水溶解稀浇补充营养。然后继续加强田间管理，一般菌丝能迅速恢复生长，再分化形成子实体。

（5）病虫害防治。常见的杂菌有绿霉、烟霉等，发现杂菌的田块，可先把杂菌连同表土一起清理出田，然后用施宝功液或用4%碳铵溶液喷洒防治，并用薄膜覆盖，未发现生杂菌的地块无须防治。白蚂蚁、线虫、跳虫、螨虫等害虫用生物农药阿维菌素防治。

（6）采收加工。为了提高产品等级，常在竹荪子实体未撒裙之前就采收。采收时用小刀割掉菌托基部，切勿用手强拉硬扯，折断菌柄和周围的小菌蕾。采后马上用小刀切去菌盖顶2~3mm，再在菌盖上轻轻纵切一刀，剥离菌盖淡绿色组织，置于篮内带回，并采用二次烘烤法，即竹荪经过烘干脱水至八成干，取出捆扎，再放回烘干房内烘干为止，取出装入塑料袋，密封放入阴凉干燥房间保存或售出。

（7）经济效益。竹荪、毛竹间作具有投入少、省人工、品相高的特点，还可提高土地利用率，特别是利用经过毛竹林覆盖后修正的竹林，既修复了毛竹林，形成了林菌共生的生态群落，又得到了较大的经济效益。

3.6.6 林-药间作型

林-药间作型是运用生态学和经济学原理，把林木和药用植物有机地结合起来，对光、热、水、肥、气、时间、空间进行合理互补与优化使用，以达到低投入高产出、维持生态平衡的目的。该类型间作的主要特点：林冠遮阴、以耕代抚，节约营林和种药的经济投入；一地多用、立体种植，解决林、药争地矛盾，增加生态系统结构的稳定性，提高生态保护功能；时间上短、中、长结合，空间上上、中、下结合，充分利用土地资源和光热资源；集经济效益、生态效益与社会效益于一身。适用对象：在耕地资源缺乏、林地资源丰富的地区推广应用；发展耐阴性药用植物种植与林用的产业。

中国的多数中草药都生长在森林内，很多药用植物具有耐阴的特点，甚至有的只能在庇荫的条件下生长，包括太子参、金线兰、灵芝、田七、金银花、半夏、砂仁、巴戟天、绞股蓝、鸡血藤、黄精、雷公藤、杜仲、枳椇、板蓝根、黄栀子、铁皮石斛、草珊瑚、百合、七叶一枝花、茯苓、蛇足石杉等。所以，林-药间作在我国有着特别广阔的发展前景，主要包括以下几种。

（1）林-参间作。林-参间作（图1-10）不仅使林地收益增加，还促进了林木的生长。该间作类型主要技术措施如下。

图1-10 林-参间作

①适宜条件：在适于人参生长的天然林皆伐迹地或天然次生林的更新改造林地上，前期采用林-参间作种植3~5年，人参采收以后再在栽参的床面上栽植经济价值较高的阔叶树种，用以建成速生优质高产的针阔混交林。

②树种选择：为避免林木和人参的地下竞争，间作的林木一般应选择深根性珍贵树种，人参根系分布在8cm土层内，树木根系分布深度以15cm以下为宜。通常选用的树种有红松、落叶松、紫椴、水曲柳、核桃楸、桦、榆等。在辽东山区，为了有效防止水土流失，还选用云杉、紫穗槐等。

③间作方式：带状种植，造林密度以3333株/hm²左右为宜。

④人参种植方式：育苗移栽。直播育苗3年，然后换土移栽，3年后采收。直播育苗的株行距多采用5cm×5cm等距点播。移栽植苗的方式分平栽、斜栽与立栽，株行距根据移栽苗等级而定，一般在10cm×15cm以上，春、夏、秋3季均可栽种。直播5~6年后直接采收，但播种2年后需要间苗，留苗量为50%左右，间出的苗再进行移栽。

也可以在人参自然生长的天然林或与其自然条件相似的林地进行林下栽参。一般选择郁闭度0.5~0.8、林下有一定草本植物覆盖的林分，最好是针阔混交林或落叶阔叶混交林。在林冠下或林隙间种植人参，林参长期共生。这种模式能够克服毁林栽参的矛盾，提高土地生产力和利用率，虽然产量低于棚栽人参，但人参质量更接近野山参，具有较高的商品价值。人参的移栽可采用穴植，也可以采用高畦或平畦栽植。植苗方式也分平栽、斜栽和立栽3种，低温多湿的条件下，平栽长势好、产量高，干旱条件下，斜栽和立栽的生长更健壮。为保持土壤温度、湿度，防止土壤板结，种植后最好以树木落叶覆盖。

（2）南方杉木与黄连间作。黄连为多年生草本，是我国重要的药用植物，其干燥的根和根茎是常用的名贵中药材，集中分布在西南、中南地区。黄连自然生长在亚热带常绿阔叶林、落叶阔叶林和常绿落叶阔叶混交林中，喜高寒冷凉湿润的小气候，富含腐殖质、深厚疏松的土壤以及郁闭度0.4~0.7的森林环境。

传统的黄连种植，一般需要在采伐森林后的迹地上搭建遮阴棚。黄连属于浅根性须根植物，5年生根系的垂直分布一般小于15cm。杉木是优良的速生用材树种，其根系密集分布在30cm以下的土层内。

该间作类型主要技术措施如下。

①造林初期间作：一般在杉木造林的当年或次年移栽黄连。造林前要进行全垦整地，杉木造林选用2年生壮苗造林。黄连最佳移栽期在立秋至处暑。移栽初期需要用少量树枝或竹丫对黄连进行辅助遮阴。

②郁闭林下种植：在郁闭度0.4~0.7的幼龄林及成熟林中移栽黄连，由于杉木树体的增大，黄连的种植面积相对减小，植苗数量相对减少。有杉木的庇护，移栽后不需要再进行辅助遮阴。

③适宜推广地区：西南地区。

（3）毛竹与天麻间作。天麻为兰科多年生异养共生草本植物，是我国重要的药用植物，其干燥块茎是常用的名贵中药材。天麻野生于湿润林下肥沃的土壤中，在被砍伐的杂木林内有大量残留树桩及树根的地方或竹林地都适合天麻生长。天麻喜凉爽湿润气候，产区年平均气温10℃左右，冬季不过于寒冷，夏季较为凉爽，雨量充沛，年降水量1000mm以上，空气相对湿度70%~90%，海拔600~1800m。

该间作类型主要技术措施如下。

①适宜条件：选择坡度25°以下，立竹密度适中（最好在2250~3000株/hm^2），土层深厚、富含腐殖质、团粒结构良好的毛竹林作为栽培地。沿等高线开垦出梯田状床面，床宽50~70cm，松土深10~20cm，床长和床间距离根据地形及栽培数量而定。

②寄生培养基：选用白栎、黄栗、野板栗、尖栗、油桐等树木的木棒，直径3~6cm，截成长30~40cm的木段，每隔3~6cm用刀在木段上砍出深达木质部的鱼鳞状刀口（2~4排），作为蜜环菌寄生的培养基。

③种植方式：没有接种蜜环菌的木段称为新棒材，接种过的称为老菌材。一般选用拇指大小的白头麻作为繁殖材料，即种麻，在立冬至立春期间播种。播种时先扒开床面表土，以3:1的新棒材和老菌材交替横摆一层作为底材，然后将种麻摆放在新棒材和老菌材两端相接处，在新老材之间的中间部分散播少量小块种麻，再在上面加盖一层混合的新棒材和老菌材（3:1或4:1），也可以用毛竹嫩枝做盖材，最后覆土10~20cm，并覆盖一层枯枝落叶或杂草。

④采收：天麻的栽培周期为1年，每年立冬以后收获，采收的同时进行下一年的种

植。毛竹天麻复合经营，有利于保持水土，也具有良好的生态效益。

⑤适宜推广地区和条件：适宜在南方毛竹分布地区推广。海拔300~800m、坡度25°以下、立竹密度1500~3750株/hm^2的毛竹林均可应用。

（4）杉木林下间作多花黄精。福建省三明市三元区台江国有林业采育场在杉木林下间作多花黄精，取得了显著的经济效益。由于杉木林下种植多花黄精的物候期与野生多花黄精的物候期基本一致，杉木林下多花黄精可以正常生长发育，在适宜密度下多花黄精根茎鲜重可达1600kg/hm^2以上，产量较高，这是一种值得推荐的林下间作中药材模式。

多花黄精是一种喜阴湿、耐寒植物，其适生环境须一定阳光进行光合作用才能积累营养。上层杉木林密度对多花黄精根茎产量有较大的影响，一般上层杉木林株数以600~900株/hm^2为宜。

此外，目前南方一些省份开展林下种植金线兰、铁皮石斛、三叶青、茯苓等都取得了良好的经济效益。

实训情境

1. 实训目标

通过调查访问、查看资料及实地测量，分析林地间作的设计方案，了解林地间作的目的意义、植物组成、空间结构及经济效益。

2. 实训内容

选择或联系当地林场或森林公园的林-林间作型、林-农间作型、林-牧间作型、林-药间作型任意两种形式进行调查。

3. 实训形式

分组进行，以参观调查为主，辅之以实地测量。

4. 实训工具材料

植物组成调查表、皮尺、测高器、围尺、照度计、温度计、湿度计、风向风速表、pH试纸等。

任务实施

1. 实施过程

（1）收集林地间作的有关资料，分析设计要求（方案），了解目的意义，收集经济效益数据等。

（2）对实训地段的植物组成进行填表调查，包括种类、数量及各种植物的耐阴、喜光等生物学特性。

（3）对群落的空间结构进行调查，包括层间结构、树木的株行距、树木的高度、树木的投影度、树木的胸径及地下植物的盖度等。

（4）对群落环境进行调查，包括各层的光照强度、透光率、温度、湿度、风力的变化及土壤质地、结构、酸碱性等。

（5）如果条件允许，可进行群落植物根系垂直分布观察记录。

（6）对林地间作地段的经济效益、生态效益、社会效益进行分析。如洛阳上清宫森林公园在林下种植杭白菊，每年10～11月收获季节，漫山遍野的菊花不但为秋天的森林公园增添了一抹亮色，同时吸引省内外客商前来收购。附近村民可到公园采摘菊花获得收益；公园周边办起了特色饭店，推出菊花炖小鸡、菊花甲鱼、凉拌菊花等特色菜肴招徕食客，达到了以短养长的营林目的，带动了一方经济的发展，产生了良好的社会效益和经济效益。该间作模式被誉为森林公园的菊花经济模式。

（7）根据植物与环境相一致的规律，对所调查林地间作类型的植物组成是否恰当、空间结构是否合理进行分析，需要修改的可向管理部门提出修改意见，也可进行最佳方案设计。

2. 注意事项

实训前要对与实训有关的植物学、树木学、造林学、土壤学、生态学、气象学的内容进行复习。

3. 成果提交

提交一份林地间作效益调查分析的实训报告。

拓展知识

所有的林地管理技术，归结起来主要是提高林地土壤肥力，特别是提高经济肥力，目的是促使林分健康生长。绿色植物生长发育离不开土地，首先是根伸展在土壤之中，使其能立足于自然界中；其次是根系不断从土壤中吸收水分和养分，源源不断地供地上部分光合作用之所需。因此，为了使绿色植物生产达到最大效果，土壤必须满足绿色植物吃得饱——养分供应充足，喝得足——水分供应充分，住得好——空气流通、温度适宜，站得稳——根系能伸开、机械支持牢固的要求。土壤的基本物质包括矿物质、有机质、生命体（包括植物、微生物、动物）、水分、空气。

土壤肥力分自然肥力和人工肥力或有效肥力和潜在肥力。自然肥力是指土壤在各种自然因素作用下形成的肥力；人工肥力又称经济肥力，是在自然肥力的基础上，通过人为措施的影响，如翻耕、施肥、灌溉和排水等措施形成的土壤肥力。有效肥力是指水、肥、气、热都能够发挥作用，满足当前作物生长发育需要的能力；潜在肥力是指土壤中某些肥力因子在当前条件下没有发挥作用，一旦条件适合就会发挥作用的能力。

人类对土壤肥力的认识经历了一个漫长的历史时期。在古代，人们一直以为一粒小小的种子之所以能够长成参天大树，是因为它那粗壮的树干和繁茂的枝叶一直汲取土壤养分。在我国古代，《管子·地员》《齐民要术》《农桑辑要》《农政全书》《知本提纲》等书中就有关于土壤与环境关系的阐述，并总结了如何合理利用和培肥改良土壤的耕作方法和技术，这些均是感性认识和实践经验的总结，如"欲知地道，物其树""以土会之法，辨五地之物生"。直到近代，人类才开始从理论上、本质上探索认识土壤及土壤肥力。

1648年，比利时科学家海尔蒙特把一棵2.5kg重的柳树苗栽种到一个木桶里，桶里盛有事先称过重量的土壤。在这以后，他只用纯净的雨水浇灌树苗。为防止灰尘落入桶里，他还制作了桶盖。几年过去了，柳树逐渐长大。经过称重，柳树的增重量在80kg以上，而土壤的减少量却不到100g。因此，海尔蒙特最先指出，水分是植物体建造自身的原料，但他没有考虑空气是否也能起到作用。

1773年，英国科学家普利斯特利做了一个试验。他把一只点燃的蜡烛和一只小白鼠分别放到密闭的玻璃罩里，不久后蜡烛熄灭、小白鼠死亡；接着他把一盆植物和一只点燃的蜡烛一同放到一个密闭的玻璃罩里，发现植物能够长时间活着，蜡烛也不熄灭；他又把一盆植物和一只小白鼠一同放到一个密闭的玻璃罩里，发现植物和小白鼠都能够正常地活着。于是他得出了这样的结论：植物能生长更新，是由于蜡烛燃烧或动物呼吸污浊了空气，客观上提供了营养。这是最早得出的气体在植物生长中的作用。

后来人们不断试验，荷兰科学家英格豪斯证实了只有在阳光的照射下，普利斯特利的试验才能获得成功。后经一代又一代科学家的努力，光合作用被人们发现。水、二氧化碳、氧气在植物生长中的作用得以明确。光合作用后来被称为世界最伟大的化学反应。

1840年，德国化学家李比希提出了矿质营养学说和养分归还学说，指出植物之所以能够在土壤中生长，是由于土壤不断地向植物提供矿物质养分，为了维持土壤肥力，必须向土壤归还被植物收获时所带走的矿物质，也就是向土壤施肥。1842年，英国人路易斯首次用骨粉和硫酸制造出磷肥——普通过磷酸钙，该肥料施用后能使作物产量大幅度增加。后来加上一些物理学的概念如热容量、导热率、毛管引力在土壤研究中的应用，一些简单的耕作措施如松土、镇压等在不同情况下的作用得到理论上的解释，使土壤肥力的研究产生了质的飞跃。

植物营养与施肥研究始于19世纪中期，但到20世纪50年代后，林地施肥才有了较快的发展。我国从20世纪70年代末开始林木施肥试验，主要研究杉木、桉树、杨树、国外松、泡桐等主要速生树种的施肥效应，特别对1-214杨、杉木、1-69杨施肥效应进行了较为系统的研究。到20世纪90年代，在杉木、桉树、欧美杨、国外松和马尾松等主要用材树种适生地区，提出了各树种优化施肥方案。

国际上为了解决持续农业建设中的施肥问题，提出了综合植物养分管理系统的概念。可以在林业上借用此概念，其基本内容如下：把所有养分资源以最佳方式组合到一个综合系统中，使其适合不同的生态条件、社会条件和经济条件，以达到保持和提高土地肥力，增加作物产量的目的。这一概念在某种程度上提出了一个解决农业持续发展中肥料问题的途径。这一概念的基本特点是把多种养分来源的土壤养分，如化学肥料、有机肥料、微生物的生物固氮、降雨中的养分等所有养分资源统一在农业肥料管理体系中，加以综合考虑和应用，以求发挥最大的效益。所考虑的不仅是土壤肥力因素，而且扩大为生态条件，甚至包括社会、经济条件。在利用土壤养分时，不仅考虑利用土壤养分的有效部分，还考虑如何活化土壤中的迟效养分，如通过作物品种的选择、耕作措施以至于轮作制度和土壤改良措施等来达到充分利用土壤养分库的目的，同时也要考虑如何减少土壤养分流失的问题。

农用耕地的精细利用已经取得了巨大效益，但是对山地、林地、沙地、湿地的利用水平还很低，还有很大的发展空间。林地管理与农田管理有不同之处，也有相似之处。林地管理需要根据林地、树木的特点借鉴一些农田管理技术，更需要对林地管理技术加强研究，创新出一些先进的管理办法。当前农田管理上的节水新技术、测土配方施肥、测土计算灌溉量、免耕技术等可以在林地管理上试用。一些地方已经研究出树种专用肥。在经营森林方面，如果林地管理技术能有更深的研究并有大的发展，森林的产量和质量、森林的三大效益将会有大的增加和提高。

项目1　自测题

项目2

林木修枝技术

任务1　人工整枝

● 任务描述

该任务是了解人工整枝的要求，掌握人工整枝的季节、高度、强度，能根据不同树种正确选择修枝切口，能对当地常见林分进行正确的整枝。

● 任务目标

1. 了解人工整枝的目的与原理。
2. 熟悉人工整枝的开始树龄、间隔期。
3. 学会选择整枝林分与林木。

● 知识准备

人工整枝是培育林木的技术措施之一。通过人工整枝，不仅可以提高林木品质，实施适度还可以增加林木的生长量。不能把人工整枝当作单纯取得薪炭材的手段，否则不仅达不到预期的效果，还会造成过量整枝，影响林木生长。

1.1 人工整枝的概念与目的

在自然状态下，林木下部枝条因得不到充分的光照而逐渐枯萎脱落，这称为自然整枝；人为地除去树木下部的枯枝及部分活枝，使其形成良好的干形和无节或少节的良材，这称为人工整枝或修枝。自然整枝常不能满足人们对木材质量的要求，因此，必须对林木进行人工整枝。通过人工整枝，可以达到以下目的。

（1）提高木材的材质。人工整枝可以消灭木材的死节，减少活节，增加木材中的无节部分，提高树干的圆满度，增加晚材率，提高原木和成材的等级。多节是木材一个重要而普遍的缺陷。节子破坏木材构造的均匀性，使木材纤维倾斜，降低木材强度。节子的硬度大会使锯刨加工困难，干燥时易开裂。有死节的板材，干燥时节子松弛脱落，易形成空洞。因此，国家标准严格规定了各种等级的材种容许节子的数量、尺寸和种类。尽管林木有自然整枝的特性，但很多树种，尤其是针叶树种，自然整枝是很不理想的，必须进行人工整枝，以培育无节或少节的优质木材。

（2）增加树干的圆满度。修除活枝后，首先可以看到在树干上部接近树冠的部位，直径生长增加的现象。这是由于同化物质从树冠向下流经树枝切口时，不能直接通过，必须绕道切口之间的狭窄区域运往下方，这就影响了同化物质的运输速度，造成切口上部同化物质积累、下部同化物质减少的状况。因此，在切口上方的树干生长量有所增加，而切口下部的树干生长量则有所减少，从而提高了树干的圆满度。

（3）提高林木生长量。如果修除树冠下部受光极差的枝条，修掉妨碍主干生长的竞争枝、大侧枝以及枯枝，则会使林木的高生长和直径生长都能增加。克罗特凯维奇对8年生松树整枝的研究指出：当只保留一盘枝和二盘枝时，在修枝后的第一年和第二年，树梢嫩枝的高生长量和直径生长量都降低，而保留三盘枝时，树梢嫩枝高生长量则有所增加。这是由于去掉树冠下部受光极差的四盘枝和五盘枝，减少了上部轮生枝造出来的同化物质的消耗。此外，去掉树冠下部树枝后，树冠上部水分和矿物质的营养状况得到了改善，这也是提高生长的原因。山东徂徕山林场对刺槐幼龄林整枝试验结果表明，正确整枝比不整枝的林木树高生长量增加28.9%，胸径生长量增加48%。这主要是由于修去粗大的竞争枝、大侧枝和徒长枝，树体营养能集中于主干生长。

整枝对生长的影响因树种、整枝强度、方法、立地条件和林龄而异。一般来说，阔叶树整枝的生长效果优于针叶树。在立地条件好的情况下，整枝对促进生长效果显著；而在立地条件差的林分中，整枝往往使林木生长量下降。幼龄林生长旺盛，即使整枝强度稍大，恢复也快，因此整枝后对提高林木生长量作用较大。

（4）改善林内通风透光状况及林木生长条件。尤其在林地水分供应不足而蒸腾又很大的情况下，适当整枝对减轻旱害和防止枯梢起到一定的作用，如表2-1所示。

表2-1 修枝和不修枝的刺槐林的旱害情况

修枝处理	黄叶情况		
	调查株数/株	黄叶株数/株	黄叶株数百分比/%
修树高的1/3	93	45	48.4
修枝并除草松土	196	14	7.1
不修枝	196	137	69.9

整枝在森林保护方面也有重要作用，因为修除枯枝、弱枝能减小发生树冠火灾的危险性，增加林木的抗性，减弱雪压和风害，防止次期害虫及立木腐朽病的发生和蔓延。如红松林内不整枝，林内通风程度差，空气湿度大，则易生烂皮病。

（5）减少病虫害的发生。人工整枝本身能减少病虫害的发生，前提是正确掌握修枝技术，操作得当。但若截枝草率，切面粗糙破碎，树皮撕裂，留下枝桩，树枝切面过大，愈合时间很长，这就可能引起病害，特别是在土壤或气候条件适宜于孢子繁殖的条件下，病害更易发生。

（6）提供燃料、饲料、肥料，增加收益。这在我国少林地区显得很重要，例如，山东昆嵛山国家级自然保护区进行赤松人工整枝，每公顷林地可得干柴5250kg左右，扣除修枝的工资，净收益占82%。此外，如刺槐、旱柳等树种修下来的枝条还可用作饲料、肥料。

当然整枝也有可能对林分造成不利的影响。有些阔叶树种如栎、杨、柳、泡桐等，进行活枝强度修剪后，树干上的休眠芽和不定芽会萌发成许多徒长枝。徒长枝的产生会使木材价值降低。为了防止休眠芽的萌发，应小心地进行活枝的修剪工作，对于林缘木和低生长级的林木尤应如此，因为它们更容易萌发徒长枝。

总之，随着现代化建设的进程，市场经济建设对优质木材将有更多和更高的要求，因此人工整枝在营林抚育措施中的地位和作用将日益突显。

1.2 人工整枝的生物学和生态学基础

1.2.1 林木下部枝条枯死的原因

幼龄林郁闭以后，林木树冠下部的枝条由于受到上部枝条遮蔽，受光不足，衰退并逐渐枯死。如以力枝（树冠中伸展最长的树枝）把树冠分为上下两部分：树冠上部阳树冠区，主要为阳生叶；树冠下部阴树冠区，主要为阴生叶。上下两部分由于光照条件不同，直接影响叶子的化学成分、生理活动和形态结构。如阴生叶的叶绿素、氮元素等矿物质元素含量高于阳生叶的，而磷的含量则低于阳生叶的。

阳生叶和阴生叶在光合作用等生理上有很大的差异，阳生叶总同化量大于阴生叶总同化量。山东省林业科学研究院测定，赤松上部受光强的1~5轮枝上的1年生针叶平均每50束鲜重为5.9~7.6g；而下部受光差的6~10轮枝上的1年生针叶平均每50束鲜重为1.4~4.3g，后者仅为前者的43%左右。这说明阳生叶每单位数量（束）的光合组织远远超过阴生叶的，因此其总同化量大于阴生叶总同化量。表2-2是不同天气下日本扁柏阳生叶和阴生叶的同化量比较。由表可知，在下部阴生叶中会经常出现呼吸量大于同化量的情况，经过一定时期，必然造成枝叶生理减弱，长势衰退。由于树冠上、下部枝条叶子生理活动的差异，必然导致生长上产生差异。例如，山东省林业科学研究院的试验表明：赤松树冠上部5轮枝近3年的枝条长度平均生长量为0.82m，而下部5轮枝近3年的枝条长度平均生长量为0.29m，后者仅为前者35%左右。

表2-2 不同天气下日本扁柏阳生叶和阴生叶的同化量比较　　　单位：mg

试验木号	测定日期	天气	阳生叶的同化量（鲜量）	阴生叶的同化量（鲜量）
1	6月1日	雨	3.00	-3.26
2	6月2日	大雨	2.77	-0.35
3	6月3日	小雨	3.55	1.65
4	6月4日	阴	1.24	-0.51
5	6月5日	阴，有时晴	1.98	0.62
6	6月6日	雨	2.07	0.19

克罗特凯维奇研究指出，16年生松树枝条木材的绝对含水率的变异是从树冠顶部向下部均匀递减的，如表2-3所示。当枝条绝对含水率近于100%~115%时，树木开始死亡。

表2-3　16年生松树枝条木材的绝对含水率

轮生枝（从树梢算起）	绝对含水率/%		
	最大	最小	平均
1	200.4	180.1	190.3
2	161.1	151.1	156.1
3	162.2	140.4	151.3
4	137.1	124.4	130.8
5	129.8	112.2	121.0
6	131.9	100.6	116.3
7	121.0	110.8	115.9

综上分析可知，树冠下部枝条上所生的都是阴生叶，由于光照不足，影响叶子的同化作用，造成营养贫乏，妨碍枝条的生长；又由于含水量降低，造成枝条干缩，使枝条同树干水分的输导组织失去联系，促使枝条逐渐枯萎，这就构成了林木下部枝条枯死的原因。

1.2.2 枯枝脱落

林木下部枝条生长衰退和枯死的速度与林木年龄关系密切。根据北京林业大学的相关研究，在人工油松林内，油松下部枝条的枯死始于10年生左右，10~20年时枯死最快，以后稍减慢。

枝条的枯死与林分密度的关系：林分密度越大，自然整枝越早，枯枝的直径越小。

在同一林分内，优势木的枝条粗，自然整枝慢，而被压木则相反。

枝条脱落是生物、物理和化学等综合因子促成的。真菌和昆虫寄生于枯枝也是决定腐朽脱落的因素之一，温暖潮湿气候是加速枝条脱落的条件，树种习性更是影响枝条脱落早晚和速度的内在因素。一般来说，针叶树种因死枝的树脂多，不易腐朽脱落，所以自然整枝不良，而阔叶树种则相反。死枝直径粗细也影响它的脱落速度，枝条越细，越易脱落。

腐朽的枝条是在本身的重力和各种外力，如风、雪、冰的压力，鸟兽的重力，以及上部果实、枝条脱落时的打击力作用下脱落的。有些树种的枯枝是自基部一次脱落，而另一些树种的枯枝是分段脱落，即先端先脱落。但不管哪一种脱落形式，很少能自树干表面平整脱落干净的，往往基部要留下一个残桩。

1.2.3 枯枝残桩为树干所包含

树干形成层不断分裂，产生新的木质部和韧皮部，把树皮向外推移。当形成层生长到与枯枝脱落处在同一水平面时，便向切口（枯枝脱落处）表面延伸，逐渐把枯枝脱落面包合起来。但某些阔叶树种的枯枝残桩被树干包合的过程呈现出另外一种情况：在未折断的枯枝基部往往有可塑性物质渗出，累积而形成环状树瘤。这种树瘤慢慢地向上生长，逐渐把枯枝包围起来。当枯枝折断后，在折断处形成漏斗状的坑，以后树瘤的形成层逐渐向凹处扩。枯枝脱落后的残桩被树干包合的速度取决于残桩的长度和粗度，以及树干直径生长的速度。大多数树种在死枝的基部都能形成保护组织，其作用是把树干上的活组织与死组织隔离开来，防止真菌腐蚀树干。针叶树种在枯枝的基部聚积大量树脂，起着保护组织的作用，能阻止虫菌的入侵。

树枝基部包被在树干内部形成节子。节子有两种，当枝条还活着时形成的节子称为活节（硬节），枝条枯死后形成的节子称为死节（软节），如图2-1所示。活节周围的树干年轮是向外弯的，并与枝条的年轮相连，由于枝条活着时越长越粗，所以活节在死亡时最粗。死节周围的树干年轮是向里弯的，由于树干包合的是枯枝，它与枝条的年轮不相连。活节的硬度和密度大于周围木材，其干燥速度与周围木材不一致，故在干燥过程中易破裂。死节由于与树干纤维没有联系，锯成板材时易松脱而形成空洞。因此，多节成为木材一个重要而普遍的缺点。据统计，一批松树锯材中有节的

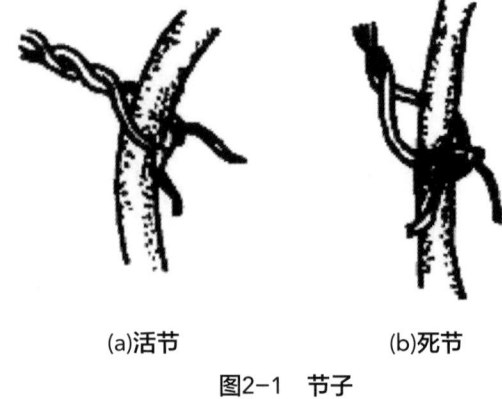

(a)活节　　　　　(b)死节

图2-1　节子

锯材占56.8%～90.1%。

节子的害处还在于它破坏木材的正常结构，使绕着节子的纤维离开垂直方向，大大降低了木材的强度。据测定，若节子占小尺寸构件（横断面小于2cm×2cm）断面的1/2，该构件纵向压力强度会降低30%～40%，在大尺寸构件上则降低50%。此外，在造纸材中节子不易煮烂，在制造胶合板和火柴杆时，节子影响旋切，使其产量降低。所以，国家严格规定各种等级的材种容许节子的数量、尺寸和种类。为了减少木材中的节子，提高木材的质量和价值，必须在林木生活的早期就系统地施行人工整枝。

1.3 人工整枝的技术

根据林木自然整枝原理，人工修除林木下部的枯枝或弱枝，是以往人工整枝的主要方法。但近年来随着我国四旁植树、林农混作和农田林网化的发展，人工整枝技术有所进展，对一些合轴分枝和假二歧分枝的阔叶树种采取整形修枝法。其方法是修除粗大的侧枝、徒长枝和竞争枝，短截细弱的顶梢，以达到控侧（枝）促主（轴）、延长主轴长度、培育无节高干良材的目的。例如，白榆的打头修枝法、泡桐的接干法、苦楝的新梢灭芽法和刺槐的截枝疏枝法等都属于整形修枝法。

1.3.1 整枝林分和林木的选择

人工整枝是一项很费劳力的工作。在选择林分和林木时，要注意林木的发育状况和干形，干形不良树木占多数的林分不应选作修枝林。首先要在有价值的高地位级的林分中进行整枝。因为地位级低的林分，整枝后林木生长恢复慢，伤口愈合时间长，难以在短期内育成无节良材。人工整枝主要应在幼龄林和干材林中进行，近熟林、成熟林可不进行。需人工整枝的林木，应该是生长旺盛、树干和树冠没有缺陷且有培育希望的林木。树干弯曲、部分损伤或腐朽的林木和劣势木都没有整枝的价值，这些林木大部分要在间伐过程中被砍掉。

在需要进行人工整枝的林分中，没有必要对所有的树木进行逐株修枝，应选择生长旺盛、干形良好、树冠无严重缺陷的林木，即应以林分中Ⅰ、Ⅱ级木为主要对象，也可选部分Ⅲ级木，Ⅳ和Ⅴ级木不必进行整枝。这种选择部分林木整枝的方法，不仅节省人力、物力，又能使不整枝林木的枝条为整枝林木的树干创造庇荫条件，促进伤口愈合，同时还能抑制某些树种树干不定芽的萌发。但在尚未郁闭的幼龄林，确定未来的主伐木有困难时，第一次整枝也可在全部林木中进行（间伐木除外）。在生产中往往把整枝和间伐结合进行，作业效果会更好。在同一林分内经济上最合算的修枝木数量，应以更新采伐时林分完全由优质良材组成为标准。据此，德国林学家发庚克涅赫特和阿赫及尔别尔格提出的不同树种修枝林木数量见表2-4。

表2-4 不同树种修枝林木数量

树种	地位级	修枝林木数量/（株/hm²）
蒙古栎	Ⅰ、Ⅱ	300
落叶松	Ⅰ、Ⅱ	400
云杉	Ⅰ	600
	Ⅱ、Ⅲ	500
松	Ⅰ、Ⅱ	800
	Ⅲ	700

1.3.2 人工整枝的开始年龄、间隔期和整枝高度

林分充分郁闭以及林冠下部出现枯枝，可作为开始整枝年龄的标志。人工整枝开始年龄随树种习性、立地条件和经济条件等因素而异。在立地条件好、林木生长较快的地方，整枝开始年龄宜早；在经济条件好和少林地区，整枝时间也应早些。

在生产实践中，国外也有以林分的平均直径作为开始整枝的依据。芬兰将松树开始整枝的林分平均直径定为7.5～12.5cm，德国定为8～10cm，俄罗斯定为8～12cm，美国则认为胸径达到10cm时开始整枝为宜。

林分开始整枝的平均直径与森林的生长条件和林分年龄密切相关。据克罗特凯维奇的调查，高生长级的林木胸径长到12cm时，在Ⅰ地位级需27年，Ⅱ地位级需31年，Ⅲ地位级需37年。可见，林分开始整枝的时间与其说取决于年龄，还不如说取决于树干直径更确切。

人工整枝间隔期是指两次整枝中间相隔的年限。大多数针叶树是在第一次整枝后又出现1～2轮死枝后进行第二次整枝。阔叶树早期整枝是以控侧枝促主干生长为目标的，间隔期宜短，一般是2～3年。

整枝高度视培育的材种而异，一般修到6.5～7m高度即能满足普通锯材原木的要求。造纸、火柴和胶合板材修到4～5m，造船和水利用材要修到6～9m。随着整枝高度的上升，整枝困难，效率减低，只有在特殊需要时，才修到10～13m。

1.3.3 人工整枝的季节

一般都是在晚秋或早春（隆冬除外）进行整枝，因为此时树液停止流动或尚未流动，不影响生长，而且能减少木材变色现象。早春整枝，即进入生长季节，切口容易愈合。冬季林木养分大部分储存在根部，修除一部分枝条，林木养分损失并不多。实践证明，早春整枝比深秋整枝效果更好，因为深秋整枝时切口长期暴露在寒冷气候条件下，

切口附近的皮层和形成层很可能受到损伤。而杨树、柳树、栎类等在春季发芽前皮层极易脱离木质部，整枝时很容易撕剥树皮，应十分谨慎。

有些萌芽力很强的树种，如刺槐、杨树、白榆等，宜在生长季节整枝。如在前一年进行秋季整枝，至第二年春季会从切口附近发出大量萌枝影响干形。陕西佳县打火店林场的经验是杨树整枝宜在芒种和小暑之间，这样伤口易愈合，来年也不会再萌生水枝（俗称树胡子）。若是杉木宜在夏季整枝，因为冬春整枝后不久仍能长出新的枝条，甚至成丛生出新枝。在夏季整枝就能抑制丛生枝的萌生，而且流失的树脂很快就封闭了伤口，愈合较好。但不宜在干热时期整枝，因为那时伤口组织会很快干燥，影响愈合。有些阔叶树种，如枫杨、核桃等，冬春整枝伤流严重，易染病害；而在树木生长旺盛季节整枝，伤流会很快停止。

1.3.4 人工整枝的强度

一般是用整枝高度与树高之比或用树冠的长度与树高之比（冠高比）作为整枝强度的常用指标。整枝强度大致可分为3级，即强度、中度和弱度。弱度整枝是修去树高1/3以下的枝条，保持冠高比为2/3；中度整枝是修去树高1/2以下的枝条，保持冠高比为1/2；强度整枝是修去树高2/3以下的枝条，保持冠高比为1/3。

合理的整枝强度是既要保留适当的树冠和叶面积，以保证树木的旺盛生长，又要在树木的生长过程中逐步淘汰掉树冠基部的侧枝，以减少木材的节子，促进干材的生长。

整枝强度因不同的树种、树龄、立地条件和树冠发育情况等条件而异。一般是耐阴树种和常绿树种保留的冠高比要大些。喜光树种、落叶阔叶树种和速生树种保留的冠高比可小些。立地条件好的和树冠发育良好的林木，整枝强度可大些，否则相反。几个树种不同年龄的整枝强度见表2-5。

表2-5 几个树种不同年龄的整枝强度

树种	年龄/年	保留的冠高比
生长快的树种（杨、柳、刺槐、泡桐、榆树、楸树、枫杨等）	2～3	3：4
	3～5	1：2
	11～15	2：5
生长慢的树种（栎类、松、五角枫、侧柏、黄连木、槐树等）	5～10	3：4
	11～15	3：5
	16～20	1：2
	21以上	2：5

整枝强度的合理程度还取决于修去阳生叶和阴生叶的数量及其对生长的影响。最弱度的整枝仅修去枯枝，这种强度不会对林木生长产生不利影响，也不易发生腐朽，但是对于减少节子的作用也较小。一般中等的整枝强度只除去力枝以下的枝条，保持冠高比约为1/2，对林木生长也不会产生不利影响。相关研究表明，松树在修除死枝和1/3活枝条时，其胸径生长量最大；修去死枝和2/3活枝的林木，其胸径生长量最小；只修去死枝的林木，其胸径生长量介于前面两者之间。

整枝高度通常取决于培养材种的规格要求和经济条件两个因素，一般修到7m以下即能满足大部分材种的要求。从3m高修到5m高，每高1m平均多费时间150%。通常修枝高达5m时需用高柱剪，再高就要用梯子。因此，也有人认为最合理的修枝高度应为5m。总之，从目前的修枝工具水平看，修枝高度还是以6~7m为宜，只在培育特殊用材时，才修到10~13m。如果是为了培育胶合板材、纤维造纸工业和其他短尺寸用材，修到4~5m就可以。

1.3.5 人工整枝切口的愈合

在干修时，切口的愈合过程与天然整枝相同，但因枯枝去掉及时，可加快整枝速度，减少死节。有些树种如落叶松的枯枝，可用棍棒敲落，但这样有可能稍微损伤树干形成层。切口愈合的速度以两侧的组织增长最快，切口上面的次之，切口下面的最慢。其原因如下。

（1）树干直径生长使切口侧面压力不断增加，但对切口上缘和下缘的压力仍然不变。

（2）伤口两侧的形成层组织是纵向切开，伤口上下缘的形成层组织是横向切开，致使侧面形成层细胞所受的刺激大于上下缘形成层细胞。这样就使营养物质最容易流到切口侧面，促使愈合组织形成最快，而营养物质最难输送到的地方是切口下缘。由于愈合组织在树枝切口各部分扩展的速度不同，形成多种伤口愈合形式，最常见的是缝形和环形，如图2-2所示。

关于切口位置，我国现有3种：平切，就是贴近树干修枝；留桩，就是修枝时留桩1~3cm；斜切，就是切口上部贴近树干，切口下部与树干呈45°角，留桩呈一小三角形。平切的优点是伤口面积虽大但愈合较快，能消除死节并能形成较多的无

图2-2 人工整枝常见切口愈合形式

节材，但整枝技术要求高，适合于大多数针叶树和阔叶树。留桩的好处是操作简单，不易损伤树皮，伤口面积小，但愈合时间较长。这是因为切口离树干距离越远，营养物质流到切口处就越困难，就必然会形成死节。当然有些树种不留枝桩就不能形成保护组织时，为了避免病腐发生，还是应留些枝桩，但这是从森林保护角度出发的。从表2-6可以看出，切口位于树枝基部膨大部位（简称枝盘或枝隆）为好。日本的修枝技术也是：当枝盘发达，修枝要在稍靠枝盘内侧连同突起的一部分与树干成平行砍掉，使修枝切口与树干平行。

表2-6 杨树幼龄林不同整枝切口位置愈合情况

顺序	切口位置	当年愈合面积	发生不定芽
第一种	从枝条基部膨大部位下部修剪，切口与树干平行	已愈合99.5%	无
第二种	从枝条基部膨大部位上部修剪，切口与树干平行	—	无
第三种	从枝条基部膨大部位修剪，但切口上部贴近树干，切口下部离开树干并与树干呈45°角，留桩呈一小三角形	已愈合65%	无
第四种	修枝留桩1.5cm，切口与枝条垂直	完全没有愈合	每枝都有萌条1~6个

切口愈合快慢受树种、切口位置、立地条件、林木的生活力、枝条粗度和庇荫情况等多种因素影响。各树种的树枝切口愈合能力不同，阔叶树一般比针叶树愈合快。各种阔叶树切口愈合速度的顺序大致为杨、柳、白榆、刺槐、苦楝、臭椿、栎类等，针叶树切口愈合速度的顺序大致为落叶松、云杉、冷杉、松树。切口愈合速度也取决于伤口的位置。在树冠中部和上部的枝条切口愈合较快，这是由于它们得到的营养物质较多。伤口距上部生长旺盛枝条越近的愈合越快。立地条件良好的切口愈合较快。在同一树种中，幼龄的生长旺盛的林木切口愈合较快。枝条粗度不同，伤口愈合时间相差很大，为了使切口尽快愈合，防止感染病腐，修枝的枝条粗度应该有一个界限，如日本规定能修枝的最大枝条粗度是：日本扁柏4~5cm，赤松3cm，山核桃5cm。庇荫对伤口的愈合有显著的促进作用。有人用栎树做试验，修去活枝后，在南面和西南面的伤口愈合比其他方位的伤口差得多，此中复杂原因有待研究，但原因之一可能是伤口易干燥影响了伤口愈合组织的形成。

修枝切口与木材腐朽关系密切。据日本、苏联的研究，有些树种修除活枝后能引起真菌从伤口侵入，造成木材腐朽。这是由于某些阔叶树种保护组织形成不完全（如山杨、槭树、桦树、橡树等），某些针叶树种没有树脂淀积现象（如冷杉）或树脂淀积速度很慢（云杉等）所造成的。

为达到修枝的良好效果，对修枝切口要求平滑、不偏不裂、不削皮和不带皮。这样，可减少虫害及腐朽，形成良好的愈合。

以上介绍的是大多数用材树种常用的整枝技术。但在生产实践中，对于一些阔叶树种，因其具有特殊的生长特性，则应分别采用其他的整形方法，如平茬、接干、矫正干形等。平茬是指对干形不良或树干部分枯死的幼树，齐地面砍去，使其重新长出通直的主干。这种方法适用于萌芽力强的泡桐、刺槐、杨树、枫杨等树种。接干可分为平头接干、目伤接干、劈梢抹芽等。平头接干又称高截干，对于栽植2~3年的幼树，虽然有2m左右通直的主干，但由于种种原因，树头已经分杈，主干无法延伸时，可截掉主干上部的树头，让它重新萌芽，接着长成新的主干，此法常用于泡桐的抚育管理。目伤接干是在春季树液流动前半月，在树干顶端分杈处选定与主干通直的芽眼，采用目伤方法培养成主干，即在芽眼上方距芽2~3cm处，用利刀横切上下二刀，二刀间距宽1cm左右，并略带木质部，刀口长度为枝干围径的1/3。形成长方形的目伤口，剥去皮层，从而达到截留养分、刺激目伤芽萌发的目的。同时，对目伤芽以上的分枝进行截短，以使养分集中，促进目伤芽旺长，此法也常用于泡桐经营。劈梢抹芽是对经常发生枯梢，形成分杈低、主干矮的林木的一种修枝方法，即在1年生苗定植后、新芽萌发前，用利刀劈去地上部分的1/3~1/2，第二、三年连续劈去前一年新梢的1/3左右，如此连续劈梢，直至适合用材需要高度为止，然后任其自然分枝，充分发展树冠，促进粗生长。劈梢后侧芽开始抽梢长叶，当新侧枝抽到10cm左右时，选留靠近切口的独个粗壮枝培养为主干，其余侧芽和幼枝全部除去。选留的侧芽应和上年留芽成相对的方向，以利相互矫正主干，使其生长通直。如果树木的顶芽完整而饱满，则只进行抹芽而不劈梢，也能获得同样的理想效果。矫正干形也是培育通直干形的一种方法，它是通过缚扎等手段，将歪斜的顶梢或强健的侧枝，培育成直立向上生长的主干，主要用于桑树等树干比较柔韧的树种。

● **实训情境**

1. **实训内容**

在教室或实训室学习，通过多媒体演示人工整枝图片辅助学习。之后到实习林场（或民营林区）选择一片已开始自然整枝的林分进行干修和绿修，并现场学习与动手操作。

2. 实训工具材料

含树节的木材、修枝剪（锯）、打枝机、柴刀、斧头、油锯（电动锯）、梯子、测高器、皮尺、标杆、铅笔、纸张等。

3. 实训场景

5人一组，在教师的指导下进行干修和绿修，确保每人都有充足的动手时间。

任务实施

1. 实施过程

第一步：树种识别和选择。根据所学知识选择一块已经郁闭并且出现自然整枝的壮龄松林（油松、赤松、马尾松、火炬松等）作为修枝实习对象，有条件的可以再另选一块阔叶树林（杨、柳、白榆、刺槐、杏树、臭椿、桦树、槭树、麻栎、檫木、鹅掌楸等）作为修枝实习对象。若是进行干修，也可选择杉木林。若能结合抚育间伐修枝则更好。从第一步开始要做记录。

第二步：首先学习修枝剪（锯）的使用方法，可以先在模拟修枝材料上进行操作，待操作技术较熟练后，再实地进行。

第三步：选择修枝林木。在选定的林分内选择生长健壮、干形良好、无病虫害、位置适宜、胸径约8cm左右、侧枝直径不超过2cm的终伐木作为修枝林木。

第四步：修枝宜在初冬或早春进行，以利切口愈合。深冬修枝，天气严寒，材质坚硬，容易损坏工具，地上也易被冻裂；夏季修枝，切口流脂过多，影响树势，同时切口还会落水腐烂和感染病虫害；晚春修枝，由于松树萌动抽芽较早，不仅松脂粘刀，工效低，而且也易折断新抽出的顶芽。

第五步：进行修枝练习。

（1）切口方式。切口方式（位置）有平切、留桩、斜切3种。平切，多数阔叶材可采用此方法；留桩，适宜少数残枝枯死快、晚落叶的树种以及修枝后易造成环剥的轮生枝树种。练习3种切口方式，同时学习这三种切口方式的应用，以及应掌握的关键环节。

（2）修枝方法。

①干修：只修去树干下部已经枯死的枝条（如朽木干修），以免随林木生长将干枝包入树干内形成死节或漏节，通常用棍棒将枯死枝条齐树干基部击落即可；如果枯枝较粗，可用修枝剪、锯、斧、刀等工具齐树干砍断或锯断，要求紧贴树干修平，勿伤树皮，切口平滑。

②绿修：修去树干下部还活着的但生长弱的枝条。鉴于针叶树一般生长较慢、伤口

愈合难，有时易造成环剥，为了防止撕裂树皮或感染病腐，可在修截的侧枝基部留1~3cm的小枝桩，待2~3年后小枝桩干枯后再修平，以免造成斑痕。马尾松修枝常应用反手法，即先从枝条下方往上锯或砍，然后再由上往下锯或砍，这样可防止撕裂小枝，修枝切口平滑。

③修枝强度：一般以修截树冠上力枝以下的死枝和生长不旺的1~2轮活枝为宜。具体地说，经过修枝以后的幼龄林木，应保持枝下高占树高的1/3，壮龄林木应保持枝下高占树高的1/2，中龄林以后的可达2/3。一般来说，杨、柳、刺槐、泡桐、榆树、楸树、枫杨、苦楝、臭椿等速生树种可以适当增加整枝强度，而慢生树种应减少整枝强度。

归纳总结：通过修枝的实际操作，了解和掌握当地主要用材树种的修枝技术和方法；了解不同树种应采取的切口方式；熟悉不同年龄树木的整枝强度；基本掌握修枝锯、斧头、打枝机的使用方法。

2. 成果提交

提交一份人工整枝过程实训报告，要求整枝过程完整，技术要点清楚，理论依据清晰准确。

● 拓展知识

人工整枝技术作为一项无节良材的培育措施，在世界各地已得到长期应用。据报道，从18世纪开始，人工整枝技术就被关注，有学者发表文章对人工整枝技术进行了论述。自此之后，掀起了研究人工整枝技术的浪潮，如18世纪、19世纪晚期和1933年的德国林业的经营。后来在对人工整枝技术深入研究的过程中，人工整枝技术表现出减少树节数量、提高无节干材比例、提高木材质量等一些优点，逐渐被林木科研及生产单位认可，成为一项既科学又有效的培育措施。当今，人工整枝技术的研究工作在非洲东部和南部、欧洲、美洲、大洋洲的多个国家都有开展。

任务2　摘芽

● 任务描述

该任务分两段完成，先在课堂上进行理论学习，并通过多媒体课件学习林木摘芽的技术与方法，然后到实习场地进行现场调查、实地操作。

● **任务目标**

  1. 了解林木摘芽的意义与原理。
  2. 熟悉林木摘芽的开始年龄。
  3. 学会选择摘芽林分与林木。
  4. 掌握摘芽的季节、高度、强度，能根据不同树种正确选择摘芽时期，能对当地常见林分进行摘芽操作。

● **知识准备**

2.1 摘芽的概念和意义

摘芽是指在侧芽形成、芽尖呈绿色而尚未生长时，即将其摘除。摘芽可以说是整枝的另一种形式。因为枝是芽发育而成的，故将芽摘除既能更彻底地清除节疤，又可省去以后整枝的麻烦，同时还可以培育无节与少节良材，为制造飞机、车船等提供特殊用材。

摘芽能使养分集中供应，加速高生长，增加主干圆满度，缩短培育期。江苏、山东等地都曾分别对马尾松、油松、赤松等进行摘芽试验，连续摘芽3～6年后，无节干材部分高可达3～5m。摘过芽的无节部分上端与下端直径差平均为2～3cm，而未摘芽的同一高度上下部位的直径差为5.42cm，摘芽后每年高生长量较不摘芽的快30%～40%。

摘芽省工省力，简单易行，伤口容易愈合，树体养分不受损失。因此，摘芽既可培育少节和无节良材，也可控制侧枝的竞争力，促进主干生单轴分枝特性，并直接促进主干的高生长。但摘芽第三年以后，因树干太高，继续摘芽较为困难。

2.2 针叶树种摘芽法

当前生产实践中，针叶树种摘芽法主要用于培养松树的无节良材。松树在造林后3～5年、树高1～1.5m、已有3～5轮轮生枝时开始摘芽。在100m²林地上选择最好的林木1000株左右，保留其顶芽，把侧芽摘掉。树干下部的几轮侧枝保留，任其生长，幼树需要的养分主要依靠这些下部侧枝上的针叶制造。每年摘除侧芽，继续3～5年后，松树上半截就形成了无枝的杆状树干（但下部还生长着数轮侧枝），于是停止摘侧芽，使其上部再重新形成树冠。待上部树冠形成后，每年锯掉一轮侧枝（锯口要平整），至下部侧枝锯完为止，这样就能形成2～6m长的无节木材。如需要更长的无节木材，还可适当延长摘侧芽的年限。

摘芽的最好季节是在早春树液即将流动时。在生长季中芽尚未分化形成，无法进行此项工作。冬季低温，摘芽后伤口易引起冻害，且容易折断顶芽，针叶则一触即落，不是摘芽的好季节。

据报道，松树摘芽与不摘芽在主干长度上几乎无差别，但摘芽松树树冠基部直径比不摘芽的增加了10%~25%，明显地增加了树干的圆满度。

2.3 阔叶树种摘芽法

阔叶树中不少树种具有合轴分枝或假二叉分枝的特性，主梢长势弱。对此类树种进行摘芽不仅有利于培养无节或少节良材，还起着控侧枝、促主干生长的作用。下面介绍几个树种的摘芽法。

（1）苦楝。苦楝为合轴分枝树种，梢顶冬天易冻死，故主干低矮，侧枝粗大分权。实践上常用劈梢抹芽法培育高干良材，其具体做法是：在造林后3~4年，每年于早春将其上一年生长的主干嫩梢斩去一截（新梢的1/3左右），在切口附近选留一个壮芽，使其成枝后代替主干，其余侧芽尽行摘除。各年选留代替主干的侧芽，其方向要与上年选留的侧芽方向相反，以后则停止劈梢抹芽，任其顶部侧枝生长，形成树冠，以促进树干粗生长。

（2）泡桐。泡桐属假二叉分枝树种，无顶芽，侧芽对生，当年新梢经过冬天常冻死。春季造林后，待侧芽展开长度2~3cm时，在苗木主干的顶端选留一个健壮的侧芽，斜着将其对面的芽和以上的梢端剪去，再抹掉其下的3~4对侧芽，以下的侧芽保留，使长成侧枝保持一定的同化器官，以促进顶端保留芽成枝后的旺盛高生长。秋季落叶后或次年春季萌动前，修除侧枝。这样经过1~2年的劈梢抹芽，主干高度就可达6m以上。培育泡桐高干无节良材除了摘芽外，还可以采用平茬法和接干法或两种方法结合进行。

（3）臭椿。臭椿属合轴分枝树种，小枝有顶芽，往往由第一侧抽梢继续向上生长，但由于上部1~5芽距离很近，枝条生长相互牵制，使顶端优势不明显，常呈轮生状，这是造成干形不直的主要原因。用摘芽法培育臭椿高干良材的方法是：从造林后第二年开始，每年春季当侧芽膨胀伸展成球状即将展叶时，在主干顶端保留最上部的一个壮芽，摘除其余所有侧芽。如生长枝枯梢或过弱，则顺序往下选一壮芽，同时剪去留芽上部枝段。每年留芽方向应相反，这样可使干形通直。一般经过8~10年摘芽，树干高度可达到7~8m，这时即可停止摘芽，任其在树干以上部位抽生侧枝，加速直径生长。

（4）核桃。克罗特凯维奇用摘除核桃树上所有侧芽的方法培育匀称无节树干，取得了良好的效果，其方法是：早春当芽已膨胀到豆粒大时，保留一个最上边的壮芽，摘除其余全部侧芽。育成4~5m的无节树干，需要3~6年的连续摘芽。据观测，核桃经摘芽后能加强林木的高生长和直径生长，增强叶面的光合作用强度，提高幼树的耐寒力。

2.4 摘芽注意事项

（1）摘芽树种的选择。树种的生物学特性不同，摘芽效果也不相同。在阔叶树中，叶芽较大但数量少和萌芽力及成枝力较弱的树种，如臭椿、泡桐等，摘芽效果显著；而叶芽小但数量多和萌芽力及成枝力极强的树种，如白榆、刺槐等，单纯摘芽效果并不理想。因此，要选择适于摘芽的树种。

（2）摘芽要适时。必须掌握各种树芽的生长习性，宜在芽开始萌动至尚未抽梢发叶时抹去侧芽，最迟应在侧枝梢的基部木质化以前摘芽。一般树种，芽的萌发有两个旺盛期，一是在3~4月，即林木生长开始期；二是在6~8月，即林木生长旺盛期。萌芽力强的树种，如白榆等，萌芽次数频繁，摘芽的具体要求是摘小、摘了，这样可减少芽所消耗的养分。摘芽要把芽基去掉，否则还会继续萌发。摘芽要细心，不能损伤树干，不能使芽基处凹陷，以免积水，引起病害。

（3）摘芽应选择立地条件好的林分。摘芽的林木应是优良木，更重要的是对摘芽的林分和林木要加强肥水管理。因为摘芽后林木枝叶较少，由光合作用所产生的同化物质也相应减少，这就给林木生长带来不良影响，如不加强肥水管理，给予生态因子的补偿，可能达不到摘芽预期效果。

● 实训情境

1. 实训内容

先在教室学习，通过多媒体学习摘芽的操作方法。之后选一块造林3~5年的松林（马尾松、油松、赤松等）或造林1~2年的阔叶树林（臭椿、苦楝、泡桐、核桃、鹅掌楸等），进行摘芽训练。

2. 实训工具材料

抹芽刀、修枝剪（锯）、刀等。

3. 实训场景

5人一组，在教师的指导下进行摘芽操作，确保每人都有充足的动手时间。

任务实施

1. 实施过程

（1）选择一块造林3~5年的松林或造林1~2年的阔叶树林作为摘芽训练对象。先由教师进行讲解并示范，然后每位同学选择一株树木进行摘芽练习。

①松树摘芽：在早春2~4月、树液开始流动、芽尖呈绿色时开始摘芽。选择树高1~1.5m、已有3~5轮轮生枝的树木，保留其顶芽，把侧芽摘掉，要细心地摘掉芽基，尽可能不损伤树干，避免芽基凹陷。

②阔叶树摘芽：在早春树液开始流动时，选择好保留的壮芽，一般摘除其余全部侧芽。

（2）注意事项。

①教师应讲清楚操作程序，切忌让学生自我摸索。

②幼树茎易折断，要求认真、细致、轻巧。

2. 成果提交

提交一份实训报告，内容应包括：摘芽的必要性、原理；摘芽操作的基本规范、程序和应注意的事项；树木萌芽的一般原理；选择保留萌芽的原则。

拓展知识

一、农田防护林的修枝

农田防护林的修枝，是通过对林木枝条的修剪，使林带保持一定的结构状况所进行的一项措施。修枝的目的是调节林带结构，使之早日成型并发挥最大的防护作用，同时培育出圆满通直的干材。

1. 修枝原则

以保持一个与设计要求相适应的林带结构为主要目的，兼顾林木的形质指标。

2. 修枝方法

农田防护林的修枝方法，视林带的发育阶段而定。幼龄林期修枝的目的，主要是促进高生长结合培育林带结构，除透风结构林外，一般其枝条不宜自基部向上做一次性修剪，可采用定植修剪和多次修剪等。林带成林后对病虫枝、衰弱枝和徒长重叠枝可一次剪去。对生长过于旺盛的侧枝和竞争枝应进行控制，以保障林木向上延伸，具体修剪方法如下。

（1）紧密结构林带。如林下有下木时，可适当修剪林木下部枝条，其修枝高度不能超过下木高度。对下木和下木以上林冠的病虫枝、徒长枝、竞争枝的修剪，也要注意林带结构的紧密。无下木的林带，应保留整个树干上的枝条，只能适当修去那些无用的枝条。

（2）疏透结构林带。该林带的修枝方法与紧密结构林带所不同的是，修枝强度大于紧密结构林带的修枝强度。

（3）通风结构林带。要求下部有通风孔道。在修剪时，应留出这些通风孔道，以保持林带结构特征。修剪时，要贴近树干，不留木杈，不撕破树皮，要注意保持切口平滑。

3. 修枝强度

只能采用弱度或极弱度的修枝强度。

（1）紧密结构林带。在有叶期，疏透度几乎为零，从上到下均密不透光，其修枝强度应控制在这个疏透度范围内。

（2）疏透结构林带。主要特点是透光孔隙上下分布均匀，其疏透度为0.3～0.5，修枝强度应控制在这个疏透度范围内。

（3）通风结构林带。上层由林冠组成，一般有均匀的透光孔隙，也有的密不透光；下层由树干组成，有均匀的大透光孔隙。其修枝强度，成熟林以保持冠高比为3/4～4/5为宜，并适当剪去树冠枝条。

二、果树整形修剪

果树是多年生植物。自然生长的果树，大多树冠高大，冠内枝条密生、紊乱而郁蔽，光照、通风不良，易受病虫危害，生长和结果难以平衡，大小年结果现象严重，果品质量低劣，管理也十分不便。整形修剪可控制树冠大小，使树体结构合理，枝条稀密适度，便于管理；能较好地调节生长与结果的矛盾，改善通风透光条件，提高果品产量和质量。因此，整形修剪是果树上具有特色的一项栽培技术措施，历来受到果树生产者的重视。

果树整形是通过修剪，把树体建造成某种树形，也称果树整枝。修剪不仅指剪枝或梢，还包括一些间接作用于树体上的外科手术和化学药剂处理，如刻伤、曲枝、环剥和施用植物生长调节剂等。

广义的修剪包括整形，果树幼龄期间，修剪的主要任务是整形；成形之后还要通过修剪维持良好的形态结构；狭义的修剪与整形并列，专指枝组的培养与更新、生长与结果、衰老与复壮的调节，以期获得早果、丰产、稳产、优质、低耗和高效的效果。

整形与修剪的结合,称为果树整形修剪。实际上两者密切相关、互相依存,整形依靠修剪才能达到目的,而修剪只有在合理整形的基础上,才能充分发挥作用。果树整形修剪,是以生态和其他相应农业技术措施为条件,以果树生长发育规律、树种和品种的生物学特性及其对各种修剪反应为依据的一项技术措施。因此,它必然要因时、因地、因树种品种和树龄不同而异。必须以良好的肥水条件为基础,以防治病虫为保证,果树整形修剪才能充分发挥作用。

修剪一般分为冬季修剪和夏季修剪,即休眠期和生长期修剪。冬季修剪主要是疏剪和短截一些不需要的枝条,如病虫枝、枯枝、密生枝以及无法利用的徒长枝等,以培养一定形状的树冠,使树冠各级骨干枝的长势保持平衡,培养枝组,促进形成结果枝,调节生长和结果的关系。其方法主要有短截、疏枝、回缩等。夏季修剪主要是抑制新梢徒长,促进花芽分化,增加分枝级次,改善光照条件,以提高果实品质。夏季修剪可以在整个生长季进行,修剪包括摘心、剪梢,减少营养消耗。

● **巩固训练**

根据林带生长发育阶段对防护林进行间伐是保证主要树种正常生长的重要技术,也是保证林带结构的重点。在林带刚刚进入郁闭阶段,由于灌木或辅佐树种生长茂密,产生压迫主要树种的情况时,要采取部分灌木(1/2左右)平茬和辅佐树种修枝,以解除主要树种的被压迫状态,供给主要树种以必要的光照,促进主要树种生长并使其在林带中占有优势地位。根据防护林的种间关系和生长特性应该及时进行修枝,要在保证林木树冠有足够同化面积的条件下,达到提高林木的干材质量和促进林木生长的目的。宁低勿高、次多量少、先下后上、茬短口光是林业部门的修枝经验,注意修枝高度不能超过林木全高的1/3或1/2(即林冠枝下的高度不能超过全高的1/3或1/2)。

对公益林的修枝主要在郁闭度0.6以上、自然整枝不良、通风透光不畅、密度过大的中幼龄林内进行。为了避免林带内环境的骤然变化,修枝平茬等可分期分批进行。当林带年龄进入10~12年时,应当对防护林枯梢木、病腐木进行修剪,保证主要树种的基本功能。

项目2 自测题

项目3

森林抚育间伐

任务1　抚育间伐概述

● 任务描述

该任务是熟悉森林抚育间伐的概念与目的，掌握抚育间伐的理论依据，了解抚育间伐的种类；进行透光抚育，熟悉透光抚育的方法、采伐对象、采伐季节及透光抚育清除非目的树种及杂草的各种措施。

● 任务目标

1. 能根据林分生长状况确定抚育间伐的种类和方法。
2. 能运用克拉夫特林木分级法和三级木分级法对林木进行分级。
3. 掌握透光抚育的方法，能进行透光抚育的规划设计。
4. 能正确利用除草剂清除幼龄林中影响目的树种生长的非目的树种及杂草。

● 知识准备

1.1 抚育间伐的概念与目的

抚育间伐又称抚育采伐，是指在未成熟的林分中，根据林分发育、自然稀疏规律及森林培育目标，为了给保留木创造良好的生长环境条件，而适时采伐部分林木，调整树种组成和林分密度，改善环境条件，促进保留木生长的一种营林措施。抚育间伐具有双重意义，既是培育森林的措施，又是获得部分木材的手段，但其重点是抚育森林。

抚育间伐是过程式的重复采伐，它与森林主伐有着本质的区别。目的不同：抚育间伐是培育林木、取得部分木材，主伐是取得木材。采伐年龄不同：抚育间伐是幼龄林、中龄林、近熟林，主伐是成熟林。选木问题：抚育间伐有选木，很重要，主伐有或无选木。更新问题：抚育间伐无更新问题，主伐有更新问题。次数：抚育间伐一般2~3次，主伐一般1次。

不同类型的森林，不同时期的抚育间伐，有着不同的目的和任务。例如，在用材林中，抚育间伐的主要目的是提高单位面积木材的总利用率，增加主伐时大径材的出材量和缩短林木的工艺成熟期限；在水源涵养林中，抚育间伐的目的在于保证有良好的树种组成，使这些林分在维持和加强水源涵养中发挥最大效能；在农田防护林中，抚育间伐的目的在于创造出适当的透风结构；在母树林中，抚育间伐的目的在于促进母树大量结实；在城市和居民点抚育的绿化林中，抚育间伐是为了改善林分结构，使它在净化空气和美化环境中发挥更大的作用。即使在同林种的林分中，由于所处年龄阶段不同，抚育间伐的目的和任务也不相同。例如，对于混交林，在其幼龄林阶段抚育间伐的主要目的是调整林分的树种组成，而在往后的年龄阶段中，由于树种组成已确定，抚育间伐的主要目的则是为促进林木的生长。

抚育间伐的目的大致可以归纳为以下7个方面。

（1）按经营目的调整林分组成，防止逆行演替。

①调整林分树种组成：在天然林中，树种复杂，分布不均。不同树种、不同起源的林木混生在一起，相互竞争，有的林分中的目的树种在数量上不能占到优势地位，有的目的树种被挤压，生长较弱，导致不育。通过抚育间伐，降低非目的树种在林内的比重，使目的树种逐渐取得优势，在林中取得主导地位，达到经营的要求。

②有利于森林进展演替：通过调整树种组成，可协调促进进展演替。混交林的形成过程中有不同时间发生的复层混交林，这种类型中先锋树种先更新起来，目的树种较晚在林下更新。上层为衰退种，属喜光树种；下层为巩固种，属耐阴树种。但往往上层林木压抑下层林木时间过长，不利于目的树种生长，上层林木的利用价值也会降低。这使得被排挤处于劣势或最后被淘汰的不一定是价值低的非目的树种，自然竞争的结果就会违背人们的意愿，发生逆行演替，形成不良的林分。所以，及时进行间伐，砍除上层一部分或全部树木，就能起到促进进展演替的作用。

（2）降低林分密度，改善林木生长环境条件。天然幼龄林的密度经常过大，分布不均匀；人工林幼龄林虽然分布较均匀，但随着年龄的增长，林木个体的营养面积会逐渐得不到满足。自然稀疏可使林分的密度得到一定的调节，但其速度缓慢，经过相当长期的竞争才能决定下来。同时，存留者也因竞争而影响了生长。在自然竞争剧烈的时期，加以人为的干预，伐除部分林木，增加单株树木的营养面积，等于加速自然稀疏过程，减少林木的无益竞争，改善生长环境条件，有利于存留木的生长，加速优良木的成材。

（3）促进林木生长，缩短林木培育期。抚育间伐是一种在人为干预下稀疏林木的措施，减少了树木对水分、养分的竞争，可扩大每株树木生长的空间，使保留林木的生长尤其是直径的生长加快，尽快达到用材的工艺标准。所以，抚育间伐可以促进林木的生长，缩短工艺成熟龄，即缩短主伐龄。

（4）提高林木质量。自然发展的森林，由于林木间相互竞争与分化，在生长过程中会有大量林木逐渐死亡，自动调整密度。然而，在这种自然稀疏的过程中，被淘汰的林木个体未必都材质低劣，保留者也未必干形都良好。因此，应通过抚育间伐，有目的地选择保留木，用人工选优代替自然选择，而且不止一次地抚育间伐，不止一次地留优，以提高林木质量，增加单位面积上的木材利用率。

（5）提高木材总产量。森林生产全部木材的总产量由间伐量、主伐量、枯损量等组成。抚育间伐有效地利用了自然稀疏过程中将被淘汰或死亡的那一部分林木。这一部分的材积可以占到该林分主伐时蓄积量的30%~50%。

（6）改变林分卫生状况，增强林分的抗逆性。抚育间伐除去了林内的枯立木、病害木、风折木、雪压木等不良木，改变了林分卫生状况，保留木生长环境变好，遗传品质变好，这是增强林木和林分抵抗力的基础。林木的生活机能得到加强，从而增加了林木对不良气候条件和病虫害的抵抗力，提高了林分对不利因素的抵抗力。

抚育间伐也减少了森林火灾发生的可能性。因为间伐中砍伐主要对象是站杆和死亡木；间伐林分内，光照增加，气温、土温都有所升高，改善了微生物的活动环境，加速了枯落物的分解，使地表可燃物减少。

（7）建立适宜的林分结构，发挥森林多种效能。抚育间伐使林分由适宜的树种组成，有适中的密度、郁闭度和合理的层次。林分合理的结构将有效改善森林的各种防护作用与其他的有益效能。同时，适当抚育间伐，增加林内透光度，提高土壤温度，促进微生物活动和枯枝落叶的更好分解，林下土壤条件得以改善，为林下植物层生长创造较好条件，有效地提高森林生物多样性和林分稳定性。

1.2 抚育间伐的理论基础

森林的生长发育阶段、自然稀疏和林木分化、树种的林学特征以及森林结构等林学原理，都是开展抚育间伐作业的生物学理论基础。

1.2.1 不同生长发育阶段的森林要求不同的经营措施

森林由发生、发展到衰老，根据不同时期的变化特点，一般划分为幼龄林、壮龄林、中龄林、近熟林、成熟林和过熟林6个生长发育时期。在各个不同时期内，森林与环境之间、林木个体之间存在着不同的矛盾，这就要求人们采取不同的经营管理措施。

一般来说，森林在壮龄林、中龄林和近熟林时期，由于生产迅速，林木对营养空间的竞争比较剧烈，此时，只有通过抚育间伐伐除部分林木，保持适宜的密度，才能使留存木得到充足的光照和生存空间，以促使其加速生长。

1.2.2 抚育间伐实质上是人工稀疏代替自然稀疏的过程

（1）自然稀疏概念。在森林的生长发育过程中，随着植物之间竞争关系的不断加剧，一部分被压木必然会被淘汰，这使得林分随着年龄的增长，单位面积上的株数逐渐减少，这种现象称为森林的自然稀疏，它与森林生长发育中林木之间的竞争关系、分化现象密切相关。竞争和分化是自然稀疏的前提，而强烈的竞争和分化，加速了林木的自然稀疏。

自然稀疏发生的原因，主要是林木生长发育过程中营养不足。林木生长发育需要一定的营养面积，并且随着年龄的增长，需要更大的空间、更多的水分和营养物质。如果林木植株最初比较稠密，到一定时期，就会由于对营养的竞争，而使较弱的林木逐渐死亡。

（2）影响自然稀疏的原因。不同树种组成的森林，自然稀疏的强度不同。喜光树种组成的森林，自然稀疏开始得早而且比较强烈，这是因为喜光树种对光照条件的反应十分敏感，竞争过程中的失败林木稍处被压境地，便会立即表现出生长发育的衰退，甚至死亡。而萌生树种组成的森林，自然稀疏开始得迟，强度也较弱。

森林在不同的年龄阶段，自然稀疏的强度也不同。森林郁闭以前，自然稀疏很微弱，甚至没有。随着年龄的增长，林木生成逐渐旺盛，林木之间及其与周围环境之间的矛盾加剧，因此自然稀疏也逐渐加强，直至达到最高期以后森林逐渐趋于稳定，自然稀疏也逐渐减弱。

森林最初的密度也影响自然稀疏开始的时间和强度。一般在相似的条件下，初植密度越小，自然稀疏开始的年龄越迟，强度也较弱；反之，则开始较早，强度也比较大。

环境条件对森林的自然稀疏过程也有很大影响。一般高地位级的林分，早期生长迅速，达到生长旺盛较早，因此，自然稀疏开始得早，进行得也比较强烈，而后期趋于平缓；中等地位级的林分，最初稀疏较慢，而后期可能较快；低地位级的林分，林木生长非常缓慢，它的自然稀疏强度在整个生长发育过程中都落后于高地位级的林分。

人工林的自然稀疏与天然林的不同，在相似气候、条件和年龄阶段中要低于天然林。同时，人工林的自然稀疏特别容易受栽植密度、立地条件和经营措施的影响，表现在疏植类型与密植类型的自然稀疏程度差异很大。疏植类型的自然稀疏表现出迟、慢、少的特征，一些更稀的林分就基本没有自然稀疏过程。通过森林自然稀疏调节森林的密度，是该森林在该立地条件、该发育期中所能容纳的最大密度，而不是最适密度。同时，所保留的某些个体可能最适于该立地条件，但并不一定是人们所期望的林木。因此，任其自然稀疏，并不能符合森林经营的目的。认识林木分化与自然稀疏的规律，是为了通过抚育间伐及进行人为稀疏，使森林始终由目的树种和干形良好的林木形成合理的密度。

人工林要速生丰产优质材，就不能任其自然稀疏，因为在此过程中林木间的竞争会影响生长速度及生长量。

（3）林木分化。森林中的树木，高矮悬殊，粗细不等，在开花结实等生理特征方面也有明显差别。即使是同龄纯林，所处环境条件基本相似，在生长发育过程中，林木个体在形态和活力方面也会表现出差异，这就是林木分化，这是森林中存在的一种普遍现象。林木分化和自然稀疏现象是相伴发生的，是林木间竞争关系发展的必然结果。随着林木间竞争的不断加剧，首先会产生林木分化现象，而分化程度的不断加深则导致林木自然稀疏的出现。分化在前，稀疏在后，强烈的林木分化，加速了林木的自然稀疏。

一般林分在幼龄林时期就已开始分化，林分郁闭后，随着林分生长速度的加快，林木分化更为剧烈，个体差异更为明显，到成熟阶段，分化又趋于平稳。

不同密度的林分，其分化程度及分化结果差异很大。密度大，分化迅速，被压木多，优质木少，早期出现枯立木；反之，密度小，分化缓慢，优势木比例大，被压木比例小，早期没有或极少有枯立木。在林木分化和自然稀疏的过程中，林木个体间激烈的生存竞争消耗了大量物质，影响林木的生长。采用抚育间伐的方法，人为调节单位面积的立木株数，可以转化林木生存竞争的矛盾，促进林木生长，提高林分的质量和生长量。

在森林生长发育过程中，随着立木个体的增长，林木对营养空间和生活物质的需求量也不断增多，单位面积上林木个体数量逐渐接近或达到环境所能支持的最大值，林分的生长发育受到严重抑制。森林为了自身的生存、发展，在群落内部便产生了为适应环境、求得生存的自动调节机制，自然整枝与自然稀疏就是森林生长发育过程中的自我调节现象，也是抚育间伐的重要依据。

1.2.3 抚育间伐是对森林演替规律的有效调节

森林演替有两种情况：一种是在互相排挤的过程中进行，那些质量较差、生长较快的次要树种占优势地位，而质量较好、生长较慢的树种常有被排挤的危险；另一种是当较耐阴的、价值较高的树种处在林冠下生长时，受到上层次要树种林冠的压抑，常生长不良，需等次要树种老熟，林冠疏开，改善了生长条件后才能加速生长，最后逐渐排挤掉次要树种而占到优势地位，这一过程往往需要较长的时间。

通过抚育间伐，采伐部分次要树种，在前一种情况下，可以保证质量好的林木免遭排挤，而占据优势地位；在后一种情况下，通过抚育采伐部分上层林木，可以使价值高的主要树种提前获得良好的生长发育条件，从而促进林木生长，加速主要树种更替次要树种的进程。

1.2.4 密度与林分生长的关系是进行抚育间伐的适量指标

密度是林分特征的一个重要指标，表明了林冠的郁闭状况、林木对营养空间的利用程度和林分环境条件的变化。同一树种组成密度不同的林分，其生长发育阶段进展的速度和持续时间，以及林木的形质、产量和所获得的材种规格均会产生差异。

（1）密度与叶量的关系。林木与其他绿色植物一样，通过叶子的光合作用制造有机物质，通常制造有机物质的数量主要取决于叶量，叶量越多，产生有机物质的量也越多。

据研究，在同一树种组成的林分内，不论林龄和密度如何，只要林冠完全郁闭，单位面积的叶量大体相同。这就是说，在未间伐的郁闭林分中，尽管林龄增高，若维持林分密度不变，林分叶子总量几乎不变，单株的叶量也没有多大变化，那么每年有机物质的生产量也保持在同样的水平上。在树高不断增长的情况下，显然年轮宽度会逐渐变窄，因此要想提高单株的生产量，必须随着年龄的增长不断增加每株立木的叶量。

合理的抚育间伐减少了林分单位面积上的林木株数，使林分保持适宜的密度。当林冠重新恢复郁闭时，林分总叶量与采伐前大体相同，但保留木的单株叶量因密度减少而增加，同时林冠叶量的垂直分布也有变化，从而提高了林木的生长量。

（2）密度与干、枝材积和树干形质的关系。通常林木的干材积和枝材积的变化趋势是大体一致的，但是当林分达到一定密度时，随着密度的增加，枝材积逐渐减小，而干材积所占的比例增大。因此，若要增加干材的比例，最好培育尽可能密的林分，但是密度过大，林木树干径级变小，降低出材率，难以获得较大的材种。所以，要根据林分的培育目标，通过抚育间伐适当地调整林分密度，以获得满意的材种规格。

树干形质在生产上与树干的材积同样重要。影响形质的因子：一是树干粗度；二是饱满度，或称尖削度；三是树节的多少，它们都与林分密度密切相关。通常，林分密度越小，干材的尖削度越大；林分密度越大，干材的饱满度越高。密度越小，树木的枝下高越低；密度增加，林木自然整枝良好，枝下高上升。林分密度越大，树节越少，且包入树干的速度也快，最终看不出节子。另外，立木直径生长越差的高密度林分，年轮也越狭窄。所以，抚育间伐要充分考虑林分密度对树干形质的影响。

（3）密度与单株材积（重量）及单位面积产量的关系。立木的单株材积直接受树高、胸径和干形的影响，密度对树高、胸径生长的制约作用必然反映到立木的单株材积上来。

林分单位面积的产量是林分各个体产量的总和，它一方面受单株材积的影响，同时也受单位面积株数的影响，而且在相当一段时期内受这个因素的影响。因此，在单株材积未达到足以抵消由单位面积上株数多少的影响之前,各类密度林分则出现单位面积产量随密度的增加而递增的现象。

对应于林分平均材积的最大密度,可作为抚育间伐时调整林木株数的标准。最大密度线是林分密度管理图的主要组成部分。

能否开展抚育间伐,必须以经济条件为前提,这里所说的经济条件主要是指劳力条件、交通条件和产品销路。有时,为了改善林分组成,提高林木质量,即使在间伐的收入不敷支出的情况下,也应不计成本地进行抚育间伐,如在混交幼龄林中,当主要树种被压抑,尤其是有被淘汰的危险情况下,必须及时进行透光伐,这部分的经济亏损可在将来获得弥补。

抚育间伐所得的木材收入数量也是相当可观的,可占到采伐时期材积的50%~100%,如果只采伐将在自然稀疏过程中死去的木材也有25%~35%。所以,间伐的经济收益通常是大于支出的,而且间伐所得的中小径材又有多种用途,特别是满足农用材的需要,这在森林资源缺乏的地区显得更加重要。但是必须强调,林业所提供的木材主要通过主伐来获得,间伐的主要任务在于培育森林和提高主伐时的采伐量,获得间伐材并非抚育间伐的主要目的。因此,间伐的经济收益只能处于从属地位,绝不能因为获取木材而盲目地进行间伐,不然,往往会砍去过多、过好的径粗通直的林木而造成不良后果。

1.3 抚育间伐的种类和方法

在不同类别和年龄阶段的森林中,实施抚育间伐的目的各不相同,因此有必要将间伐划分为不同的种类。世界各国对抚育间伐种类的划分不尽相同,我国根据《森林抚育规程》(GB/T 15781—2015)的规定,将森林抚育间伐分为透光伐、疏伐、生长伐和卫生伐。

1.3.1 透光伐

透光伐(或称透光抚育)是在幼龄林阶段进行的抚育间伐。对混交林来说,其主要目的是调整树种组成。在天然混交幼龄林中,通常有许多树种混生在一起,但其中只有1~2种为主要树种,其余则为次要树种。经过一定时间后,速生的次要树种可能压抑主要树种,使主要树种面临被淘汰的威胁,透光抚育是解决这一矛盾的措施。在这种情况下,应伐除那些次要树种、灌木、藤条及高大的草本植物,以保证主要树种的正常生长,并使其在林分中占有尽可能高的比重。在人工混交幼龄林中,如果树种搭配不当或者次要树种萌条过多,种间关系极为紧张时,也应及时进行透光抚育。对纯林来说,不存在调整组成的问题。在未郁闭

之前，如果密度适当，也不需要进行抚育间伐。但是，如果林分密度过大，树冠相互交错镶嵌，树干纤细，生长明显受到抑制时，则应通过留优去劣的方式，将其调整到适宜密度，以改善幼龄林的透光条件。

（1）透光伐的主要对象。

①抑制主要树种生长的次要树种、灌木、藤本，甚至高大的草本植物。

②在纯林或混交林中，主要树种幼龄林密度过大，树冠相互交错重叠、树干纤细、生长落后、干形不良的植株。

③实生起源的主要树种数量已达营林要求，伐去萌芽起源的植株；在萌芽更新的林分中，萌条丛生，择优而留，伐去其他多余的萌条。

④天然更新或人工更新已获成功的采伐迹地或林冠下造林，新的幼龄林已经长成，需要砍除上层老龄过熟木，以培育下一层新一代的目的树种。

（2）透光伐的方法。根据林地形状和大小，透光伐有3种方法。

①全面抚育：在全林中将所有非目的树种、灌木、高草、藤本植物和某些干形不良的林木普遍加以清除，从而使同一林地上所有主要树种的林木都同时获得充分的光照。这种方法只有在交通便利、劳力充足，以及主要树种占绝对优势且分布均匀，而非目的树种很少的情况下才能采用。如果在相反的情况下采用这种方法，林地上就会出现许多空地。

②团状抚育：主要树种在林地上的分布不均匀且数量不多时，只要在主要树种的群团内，砍除影响主要树种生长的次要树种。没有主要树种幼树生长的地方则不进行间伐，这样可以节省劳力和费用。

③带状抚育：将林地分成若干带，在带内进行抚育，保留主要树种，伐去次要树种。一般带宽1～2m，带间距3～4m，带间不抚育（称为保留带）。带的方向应考虑气候和地形条件，如缓坡地或平地南北设带，使幼龄林充分接受阳光；带的方向与主风方向垂直，以防止风害；带的方向与等高线平行，以防止水土流失等。

一般来说，全面抚育效果最好，但费工、成本高；团状抚育省工、成本低，但效果较差，局限性大；带状抚育介于两者之间，是通常采用的方法。

（3）透光伐的时间、次数和强度。

①透光伐时间。夏初，当落叶的非目的树种处于春梢已长成、叶片完全展开的物候阶段，此时进行透光伐最为适宜，可降低伐根萌芽能力，也容易识别各树种之间的相互关系，此时枝条柔软，采伐时不易砸伤碰断保留木。而冬季最差，因为冬季幼树枝条较脆硬，采伐上层木时很容易砸伤碰断保留木。

②透光伐次数。透光伐需要根据次要树种的萌芽状况来确定重复次数,一般每隔2~3年或3~5年进行一次。

③透光伐强度。透光伐时,因为在幼龄林阶段,林分多半由密度较大的小林木组成。单位面积株数虽多,但材积很少;也可能砍伐林木内混生的个别大的上层木,株数虽少,但单株材积很高。因此,透光伐不像疏伐那样按蓄积量或株数计算采伐强度,否则变动幅度常常很大,且在生产上无多大现实意义,可用单位面积上解放或保留的若干主要树种株数,作为强度的参考指标。

1.3.2 疏伐

疏伐(或称生长抚育)是在中龄林阶段进行的抚育间伐,用于伐除生长过密、生长不良和影响目的树种生长发育的林木,进一步调整树种组成与林分密度,加速保留木生长,缩短工艺成熟期,提高林分质量和经济效益。疏伐的主要方法有4种。

(1)下层抚育。下层抚育是砍除林冠下层的濒死木、被压木,以及个别处于林冠上层的弯曲木、分杈木等不良木,是历史上应用最早的一种抚育方法。其特点是基本遵循自然稀疏规律,把那些将要被淘汰的林木,即居于林冠下层生长落后、径级较小的濒死木和枯立木砍去。抚育后对林冠结构的影响不大,能保持林分良好的水平郁闭,只是林冠的垂直长度缩短,形成单层林冠,此法对阳性树种的人工纯林最为适用。

在实施下层抚育时,为了能正确地选定采伐木和保留木,应首先对林木进行分级,通常采用克拉夫特林木分级法(又称为五级木分级法)。这种分级法主要是根据树冠状况及其在林内的位置而划分的,如图3-1所示。

图3-1 克拉夫特林木分级法

Ⅰ级（优势）木：树高和直径最大，树冠很大，且伸出一般林冠之上。这类林木中的树干通直者可作为培育对象，但干形不良、树冠过于庞大且对邻近保留木有害的霸王树，以及有其他缺陷（如弯曲、扭旋、感染病虫害等）的林木，则应砍除。

Ⅱ级（亚优势）木：树高略次于Ⅰ级木，树冠向四周发育，在大小上也次于Ⅰ级木，为林冠层的主要构成者，能得到充分的上方光照，侧方常被邻近木遮蔽。这类林木中的优良者为培育对象，而劣者往往是树干细长、树冠狭小、受风吹动来回摇摆、能危害邻近培育木的鞭击木，也应作为伐除对象。

Ⅲ级（中等）木：生长尚好，树高、直径和树冠的大小在林分中均为中等的林木，它们只能从上方得到少量直射光，而侧方得不到直射光。这类林木对相邻培育木可起到良好的自然整枝作用，少量的可作为培育对象，但当其受压时应逐渐伐除。

Ⅳ级（被压）木：树高和直径生长都非常落后，树冠受挤压，通常都是小径木，这类林木很少有发展前途，应在自然衰亡前伐除，其中又可分为Ⅳ$_a$、Ⅳ$_b$两个亚级。Ⅳ$_a$级木：树冠狭窄，侧方被压，但枝条在主干上分布均匀，树冠能伸入林冠层中；Ⅳ$_b$级木：树冠偏生，只有树冠的顶部伸入林冠层，侧方和上方均受压制。

Ⅴ级（濒死）木：完全处于林冠下层，生长极落后，树冠稀疏而不规则，应予以伐除，又可分为Ⅴ$_a$、Ⅴ$_b$两个亚级。Ⅴ$_a$级木：生长极落后的濒死木；Ⅴ$_b$级木：枯死木。

从克拉夫特林木分级法中可以看出，林分主要林冠层由Ⅰ、Ⅱ、Ⅲ级木组成，Ⅳ、Ⅴ级木则组成从属林冠层。随着林分的不断生长，林木株数逐渐减少，而减少的对象主要是Ⅳ、Ⅴ级木。主林层中的林木株数也会减少，这是林木因为竞争从高生长级下落到低生长级的结果。处于从属林冠的林木，往往被自然稀疏掉。

在未经间伐和人为干扰的林分内，五级木的数量分布呈常态曲线，即Ⅱ、Ⅲ级木数量多，Ⅰ、Ⅳ、Ⅴ级木数量较少。这种分级法简单易行，可用来作为抚育间伐强度的依据。但缺点是，这种分级方法主要根据林木的生长势和树冠形态分级，没有照顾到树干的形质缺陷。因此，该分级法主要应用于壮龄以后的单层同龄林，也可参照用于混交林，但不宜用于幼龄林，因为幼龄林的林木分化不明显，不能分级。

下层抚育前、后的林分如图3-2至图3-4所示。

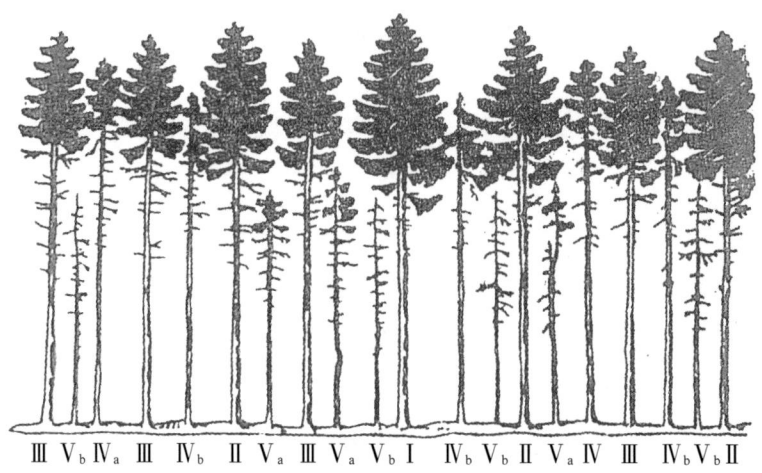

图3-2 下层抚育前的林分

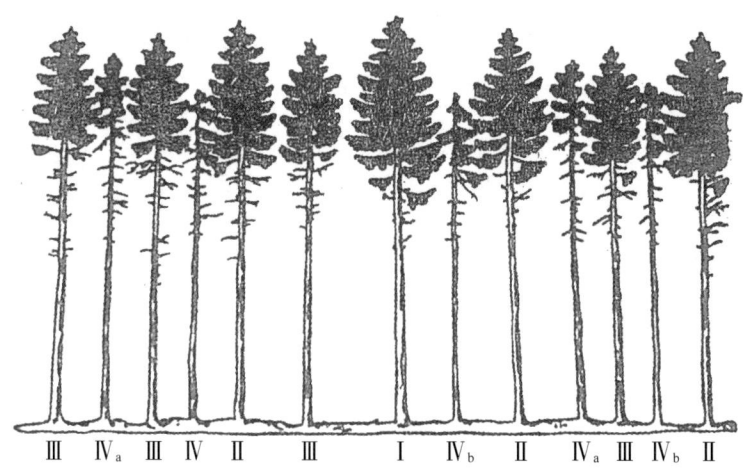

图3-3 中度下层抚育后的林分

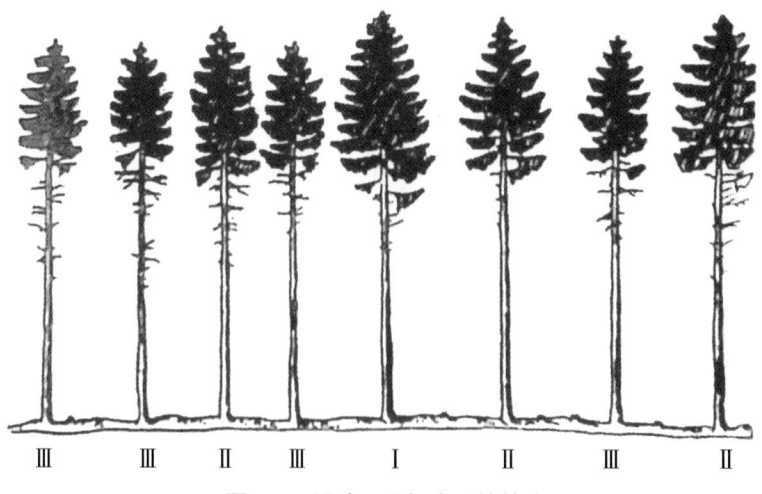

图3-4 强度下层抚育后的林分

下层抚育的优点在于简单易行，利用林木分级即能控制比较合理的采伐强度，易于选择砍伐木；由于只采伐处于林冠下层的小径木，有大量的优势木和亚优势木存在，所以采伐后林冠不会形成很大的空隙；一般不会削弱林分对风倒、雪压的抵抗能力。但此法基本上是采小留大，若采用弱度抚育，则对稀疏林冠、改善林分生长条件的作用不大，获得的材种以小径材为主，上层林冠很少受到破坏，基本上是用人工稀疏代替林分自然稀疏，因此有利于保护林地和抵抗风倒危害，在针叶纯林中应用较方便。我国目前开展的疏伐多数采用下层抚育，如杉木、落叶松等。

（2）上层抚育。与下层抚育相反，上层抚育主要伐除那些居于上层林冠的树木，适用于阔叶林和各种混交林。在这些林分中，处于林冠上层占优势的可能是非目的树种，或虽为目的树种，但却可能是一些树形不良、分枝多节、树冠过于庞大、经济价值较低的林木。在林分中继续保留这些林木，不仅不符合营林要求，而且影响周围林木的正常生长，因此必须伐去这些有害的上层林木，为经济价值较高的、有培养前途的林木创造优越的生长条件。

在进行上层抚育时，为了正确选定采伐木，也应事先对林木进行分级。但由于天然混交林的组成和结构不同于同龄纯林，故不宜采用克拉夫特林木分级法，通常应采用三级木分级法（图3-5），即依据林木在林分中所起的作用以及人们对培育木的经营要求划分为三类。

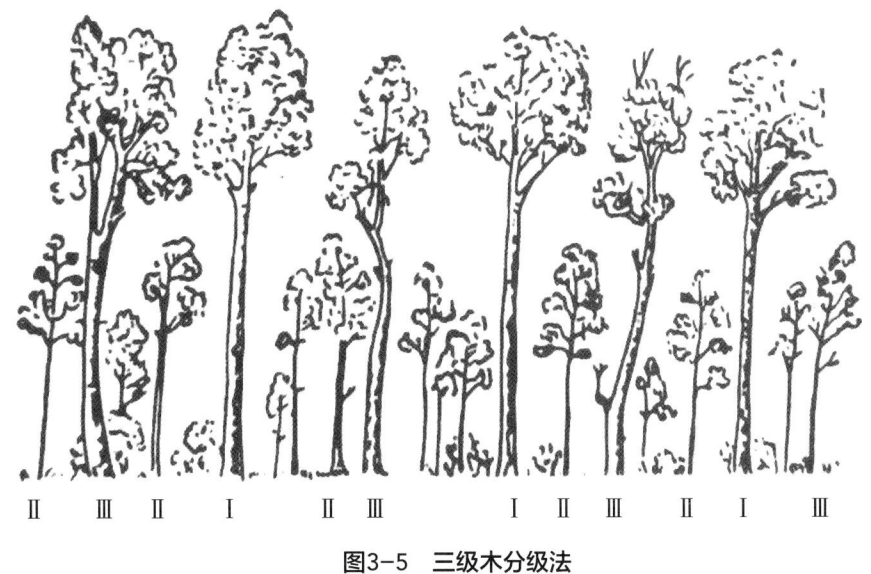

图3-5　三级木分级法

①目标树：目标树也称作优良木，是Ⅰ级木，是主要树种中生长旺盛、树干圆满、自然整枝良好、树冠发育正常的林木，是培育对象。一般情况下，目标树多数处在林冠

上部或中部，但在目的树种被压的情况下，培育木也可在林冠下部的林木中选出。

②辅助树：辅助树也称有益木，是Ⅱ级木，能促进培育木的天然整枝和形成良好的干形，能起到保护和改良土壤的作用。当这些林木妨碍目标树生长时，就应该在抚育间伐过程中逐渐被除掉。

③有害树：有害树也称有害木，是Ⅲ级木，是妨碍目标树和辅助树生长的林木，如干形弯曲、多杈的林木，树冠过于庞大的林木，枯立木，感染病虫害的林木，这些林木均应被砍伐。

三级木分级法在天然混交林中比较适合，因为天然混交林基本呈畴状分布，可在各群团先划分植生组（生长位置比较接近，树冠之间有密切关系的一些树木，称为一个植生组），在各个植生组中再划分出上述三级木，然后进行抚育间伐。

上层抚育的重要特点是形成复层林冠，上层由目标树组成，下层由辅助树组成。下层辅助树的作用在于：防止下木过度繁茂生长，促进优良木整枝，减少地面蒸发，防止土壤过分干燥，以及维持林冠的垂直郁闭。

上层抚育时首先砍伐有害树，对生长中等或偏下的主要树种和辅助树应适当加以保留，当然过密的辅助树也应伐除一部分。上层抚育会砍伐优势木，这样就人为地改变了自然选择的总方向，积极地干预了森林的生活。砍伐上层林木，疏开林冠为目标树创造与以前显著不同的环境条件，能明显促进目标树的生长。但技术比较复杂，同时林冠疏开程度高，特别在抚育后的最初一两年，易受风害和雪害。这种方法在混交林中比较适用。上层抚育前、后的林分如图3-6和图3-7所示。

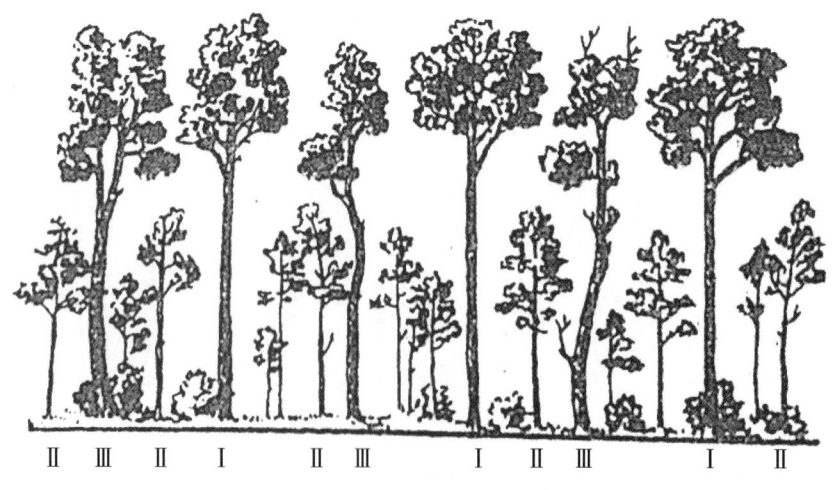

图3-6　上层抚育前的林分

图3-7 上层抚育后的林分

（3）综合抚育。综合抚育结合下层抚育和上层抚育的特点，既可从林冠上层选伐，也可从林冠下层选伐。可以认为它是上层抚育的变形，混交林和纯林均可应用。综合抚育前、后的林分如图3-8和图3-9所示。

进行综合抚育时，将在生态学上彼此有密切联系的林木划分出植生组，在每个植生组中再划分出优良木、有益木和有害木，然后采伐有害木，保留优良木和有益木，并用有益木控制应保留的郁闭度。在每次综合抚育前均应重新划分植生组和林木级别。综合抚育法是在树木所有的高度和径级中砍伐林木，采伐强度有很大的伸缩性，而且取决于林分的性质、组成、林相和经营目的。采伐后使保留的大、中、小林木都能直接地受到充足的阳光照射，形成多级郁闭。此法灵活性大，但选木时要求较高的熟练技术，抚育后林分的生长效果经常并不理想，尤其在针叶林中，易加剧风害和雪害的发生。一般适用于天然阔叶林，尤其在混交林和复层异龄林中应用效果较好。

图3-8 综合抚育前的林分

图3-9 综合抚育后的林分

（4）机械抚育。机械抚育又称隔行隔株抚育、几何抚育。这种方法用在人工林中，机械地隔行采伐或隔株采伐，或隔行又隔株采伐。此法基本上不考虑林木的分级和品质的优劣，只要事先确定了砍伐行距或株距后，采伐时大小林木通通伐去。隔行间伐和隔株间伐示意图如图3-10和图3-11所示。

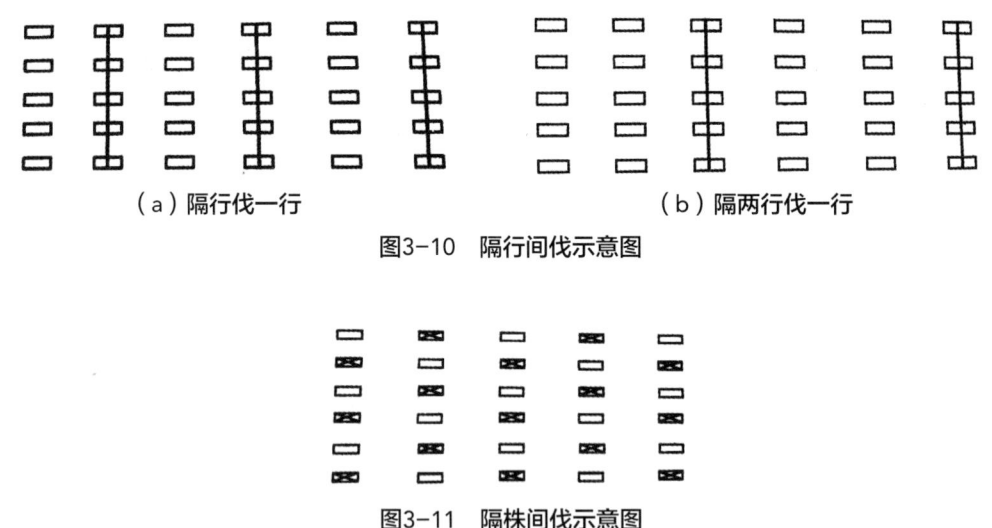

（a）隔行伐一行　　　　　　（b）隔两行伐一行

图3-10 隔行间伐示意图

图3-11 隔株间伐示意图

这种方法的缺点是砍伐木中有优质木，保留木中有不良木。它的优点是技术简单、工效高；生产安全，作业质量高；便于清理迹地与伐后松土。机械抚育多用在过密的幼龄林中。

以上几种抚育法是常用的基本方法。在生产实践中，常以某一种为主，根据实际情况，有时也可结合运用其他方法。如实施下层抚育时，林内出现的少数非目的树种或干形不良的中、上层林木也需伐除；实施上层抚育时，林下过密的林木也需伐除。

1.3.3 生长伐

为了培育大径材，在近熟林阶段实施的一种抚育采伐方法称为生长伐。在疏伐之后继续疏开林分，促进保留木直径生长，加速工艺成熟，缩短主伐年龄。生长伐的方法与疏伐相似。因此，生长伐有时也可同疏伐合成同一范畴来探讨。生长伐就是强度的疏伐，有时可达30%~50%。这种抚育间伐只能在林地土壤条件良好、不会引起水土流失的条件下进行。有时是为促进立木结实，将来实施天然更新。

1.3.4 卫生伐

卫生伐是为了保持林分的健康和防止森林病虫害的传播与蔓延而进行的一种抚育间伐方式。由于这些目的通过一般的抚育间伐也能达到，所以只有在某些特殊情况下，如火灾、虫害及其他自然灾害的情况下，不能与最近的其他抚育间伐结合进行时，才单独实行卫生伐。

（1）卫生伐对象。卫生伐砍伐林木对象是枯立木、风倒木、风折木、受机械损伤或生物危害的树木、弯曲木、病虫害木等。卫生伐没有固定的间隔期和采伐强度，一般无经济收入。只有在集约林区及防护林、风景林、森林公园林中应用较多。

（2）卫生伐特点。卫生伐被称为特种抚育采伐，其特点如下。

①采伐时间紧迫：需要卫生伐的林分，常是遭受火灾、虫害、雪压等偶然性灾害的林分，发生灾害后需要及时处理，往往很紧迫。

②重复期不定：卫生伐对林分具有拯救性质，处理过后不能预定下一次的采伐时间。有的灾害可能一个轮伐期中只有一次（如火灾）；有的虽然有第二次，重复期也不能固定。

③采伐强度不定：卫生伐的原因不同，危害程度不同，需要伐除的数量也不同，如火烧林分的卫生伐，其采伐强度由被烧木的数量决定。

④砍伐木特征不定：不同原因的卫生伐，砍伐木特征不一样，如防护林、风景林中的卫生伐主要砍伐过熟木、病枯木，雪压、雪折林分则砍除雪害木。

⑤应用范围广：卫生伐在防护林、风景林、森林公园林中应用较多，在用材林中应用很少。更多情况下，不受林种和林龄的限制，应用比较广泛。

实训情境

1. 实训内容

在教室或实训教室学习,通过多媒体演示透光抚育图片辅助学习;然后到一片幼龄天然混交林进行透光抚育实地操作。该混交林为幼龄级林分,面积比较大,地形较复杂,密度较大,目的树种生长受到非目的树种影响,林内有杂草。

2. 实训工具材料

抚育刀、镰刀、割灌机、化学药剂(除草剂)、添加剂、配药桶、盛有水的水桶、背负式手压喷雾器、化学药液涂抹器、注射器、点射器、手套、口罩、皮尺、铅笔、纸张等。

3. 实训场景

选择最适宜进行透光抚育的季节——夏初,在实习林内采用抚育刀或割灌机采伐清除或化学药剂(除草剂)清除措施。如果该实训无法在最适宜的季节进行,可仅进行透光抚育规划设计与技术措施演示。

任务实施

1. 实施过程

(1)用采伐措施清除非目的树种以及无培育前途的林木、灌木、杂草。

第一步:树种识别和密度计算。根据经营目的和树种形态特征确定目的树种与非目的树种;选择有代表性的地段打5~8个样方计算密度。从第一步开始要进行记录。

第二步:规划设计。根据主要树种的幼树在林地上的分布情况,以及不同的地形条件,确定在哪些地段进行团状抚育(标出哪一团抚育、哪一团不抚育)、哪些地段进行带状抚育(带宽1~2m,抚育带之间距离为3~4m)、哪些地段进行全面抚育。划出用采伐措施清除非目的树种、灌木、杂草的地段和用除草剂清除非目的树种、灌木、杂草的地段。用采伐措施清除所分地段林内的非目的树种、灌木、杂草。

第三步:选择若干团、带实施采伐清除。在确定要抚育的团、带内,用抚育刀、割灌机将萌枝力弱的树种从树干中上部做斩梢处理。作业时注意要将长势弱或感染病虫害的目的树种一并清除,使保留木分布均匀;注意保留部分对目的树种生长还有辅佐作用的非目的树种。

（2）用化学药剂（除草剂）清除非目的树种、灌木、杂草。

第一步：了解幼龄林透光抚育中使用化学药剂的注意事项。幼龄林指造林后接近郁闭的林分，一般在造林后6个月或第二年就可使用化学药剂（除草剂）清除非目的树种、灌木、杂草。清除时间是生长季节开始后，以茎叶处理为主。根据树种及生产需要，可进行全面、带状或穴状喷药除草处理。除草前要测定树高和地径，为了避免误差，测地径时要方向一致。对黏重土壤与低湿地，在土壤处理前要松土和挖好排水沟等。使用草甘膦必须避开或遮挡林木绿色部分。施药前要了解药性和使用方式，计算作业面积，准确称取用药量，注意保证效果和防止药害。要选择晴天施药，施后12~18h无大雨，才能保证药效；喷施时应注意风向，做到喷雾方向与顺风方向一致或与风向呈斜角，背风喷药时要退步移动。喷洒要均匀周到，速度适当，避免重喷和漏喷。施药后在药剂有效期内，不要中耕松土，以免影响药效。操作人员必须戴手套、口罩，防止药剂接触皮肤、口腔，操作完毕要洗手，最好洗一次澡。

第二步：学习使用除草剂的实例。

河南林业职业学院曾在校内苗圃用二甲四氯钠盐溶液清除草坪、幼龄树内的杂草，保护雪松等树种。选择晴天、气温18℃左右，用3%、15%的溶液分别进行两次喷洒，喷药前3天浇一次水，使草旺长。该除草剂对根蘖性强的莎草、旋花、小蓟效果较好，和手工除草相比节约开支70%以上。

浙江省衢州市某苗木基地移种的$2 \times 10^4 hm^2$鹅掌楸，本该旺盛生长，但却叶片稀少、不发新芽，少数已开始死亡，基地工作人员怀疑是受病虫害危害。林业局的工作人员实地察看后发现，仅有1株受虫蛀危害，土壤基本疏松、田地无积水，因此断定不是虫害或土壤问题；起苗检查发现新根没长出，但移栽前带来的老根基本完好无损。经询问，该地半年内已使用筒装草甘膦等除草剂3次，因此断定是滥用除草剂所致，遂提出立即采取治理措施。第一，用芸苔素和激素复合肥进行叶面喷施，同时加适当托布津等药剂浇根以防烂根的出现；第二，暂停使用除草剂。半月后鹅掌楸发新芽恢复生长。

第三步：用药作业设计。选择若干团、带实施化学药剂（除草剂）清除。要根据实习林分所清除的非目的树种、灌木、杂草种类选择适宜的除草剂。具体用药参照见表3-1。

表3-1 用药参照

除草剂名称	剂型	作用方式	防除植被类型	药剂量（商品量）/（kg/hm²）	药液量/（kg/hm²）	施药方法
林草净	25%水剂	传导	一年生杂草	2～3	450	喷雾法或点射法
			多年生杂草	3～10		
			杂竹	6～10		
			灌木与萌条	10～15		
			非目的乔木	15～20		
调节膦	10%水剂	触杀	灌木与萌条等	15～30	450	喷雾法
二甲四氯	72%钠盐	传导	一年生阔叶草	2～3	450	喷雾法
			多年生阔叶草	3～5		
			灌木与萌条	5～7.5		
			非目的乔木	7.5～10		
盖草能	24%乳油	传导	一年生阔叶草	2～3	450	喷雾法
			多年生阔叶草	3～5		
			灌木与萌条	5～7.5		
			非目的乔木	7.5～10		
草甘膦	10%水剂	传导	一年生杂草	4.5～10	450	喷雾法
			多年生窄叶草	10～20		
			多年生阔叶草	20～30		
			灌木与萌条	30～40		
			非目的乔木	50以上		

选好药后，进行作业设计，并填写表3-2。

表3-2 作业设计

用药目的	面积	树种	植被类型	除草方式	配方	除草剂及数量	作业时间	作业天数	作业人数及分工
备注	配药用具（量筒、1%天平、搅棒及各种容量器皿） 劳保用品（毛巾、肥皂、脸盆、风镜、手套、工作服等） 财务预算（药剂等物料费、用工费、交通费）								

第四步：配药。配制药液的水必须是清水。配药方法如下，具体根据林分状况选择。

①直接法：是把除草剂、水剂、添加剂按一定比例、顺序，直接混配成药液的方法。

②母液法:用直接法先配成高浓度药液,即母液,按一定比例稀释后使用。

③混合法:是根据药剂的可混性将2种或2种以上除草剂按一定比例混合,一起施用的混配方法。

配制水剂、乳油、胶悬剂,先取少量水加入喷雾器中,再用量筒量取规定药量倒入少量水中,搅拌均匀,以后边搅拌边加水至规定水量。配制可湿性粉剂,先称取定量药剂在小容器中,加入少量水调成糊状,再倒入喷雾器药箱内,边加水边搅拌至规定水量。

配药时要填写表3-3。

表3-3 配药记录

日期 _年_月_日	用药目的	面积	除草剂名称	药剂量	药液量	药械名称	按药械每次配		共计
							药剂量	加水量	药+水

第五步:施药。施药前及施药后分两次填写幼龄林林地化学除草调查统计表,见表3-4。

表3-4 幼龄林林地化学除草调查统计

作业位置	用药次数	用药前目的树种调查				用药前植被调查			施药方式	配方	处理方式与药械	用药后调查杀草率			施药后目的树种调查			
															当年		第二年	
		树种	树龄	平均胸(地)径	平均高	类型	主要种类	平均高	对目的树种影响			15天	30天	抗性杂草种类	平均高	胸(地)径	伤苗率	平均高	胸(地)径

调查人:_____ 调查时间:_____

施药方法如下,具体根据林分状况和所用除草剂性状进行选择。

①茎叶处理:

a. 喷雾法:用器械将药液形成雾状,喷在植物茎叶上,根据药液量多少可分高容量($405 \sim 705 kg/hm^2$)、中容量($150 \sim 405 kg/hm^2$)、低容量($51 \sim 150 kg/hm^2$)、超低容量($5 \sim 30 kg/hm^2$)等。

b. 喷洒法:除草剂配成药液后,用喷洒器(或喷枪)喷洒距离在$10 \sim 15m$的植物茎叶或土壤上。山地道路的下坡陡坡不能进行喷雾时可采用此法。

c. 涂抹法:用涂抹器把配制好的药液涂抹在防除植物茎叶上,这种方法由于没有飘移,可用于敏感树种幼龄林除草。

d. 砍痕法:将非目的树种的树干处砍成一圈,在砍痕内施用除草剂,杀死树木。在林分中用于单株高大树木的处理。

e. 茎干注射法:通过注射器把除草剂药液注射到防除树木的主干木质部或韧皮部。在林分中用于单株树木的处理。

f. 根桩法(截面法):用喷雾或涂抹法把除草剂药液施于刚伐后的桩面韧皮部,防止根桩萌条再生。

②土壤处理:

a. 药土法(或称毒土法):按一定比例稀释后的除草剂药液,均匀喷洒于过筛的有机质含量少、湿润的细土或细沙上,充分混拌,然后堆沤$2 \sim 3h$后施于防除杂草生长的土表,将药土混入一定深度(视除草剂挥发情况而定)的土壤中。

b. 封闭法:把除草剂药液均匀施于土表,不再耙动,形成药土层,杀死萌发的杂草。

c. 点射法:把除草剂药液用点射器(喷枪),点射到预定部位,除草剂通过雨水淋溶进入土壤中,杀死附近的灌木和杂草。这种方法适用于人工林穴状除草。

d. 土壤注射法:用注射器(或喷枪)把除草剂药液按要求注入防除植物一定深度的根区内,用以杀死多年生深根杂草或灌木。

施药注意事项如下。

①有病虫害的林木和新栽苗木不宜用药。

②喷洒时喷头放低,防止除草剂飘移到附近敏感作物上。

③喷洒时必须露水已干,不宜清晨用药。

④为了防止重复喷洒,可以在除草剂中加染料以示区别。

第六步:计算使用化学药剂进行除草的成本,并将计算结果填入表3-5中。

表3-5　化学药剂除草成本计算

用药目的	树种	面积	人工除草费			化学药剂除草成本核算						占人工除草费百分比
			工资	用工数	合计	工资	用工数	药剂费	其他费用	物料费	合计	

2. 成果提交

提交一份使用化学药剂进行透光抚育的实训报告。

● 拓展知识

一、寺崎分级法

寺崎分级法是日本人寺崎制定的一套林木分级标准。首先根据林冠的优劣区分两大组，然后再按树冠形态、树干缺陷细分，如图3-12所示。

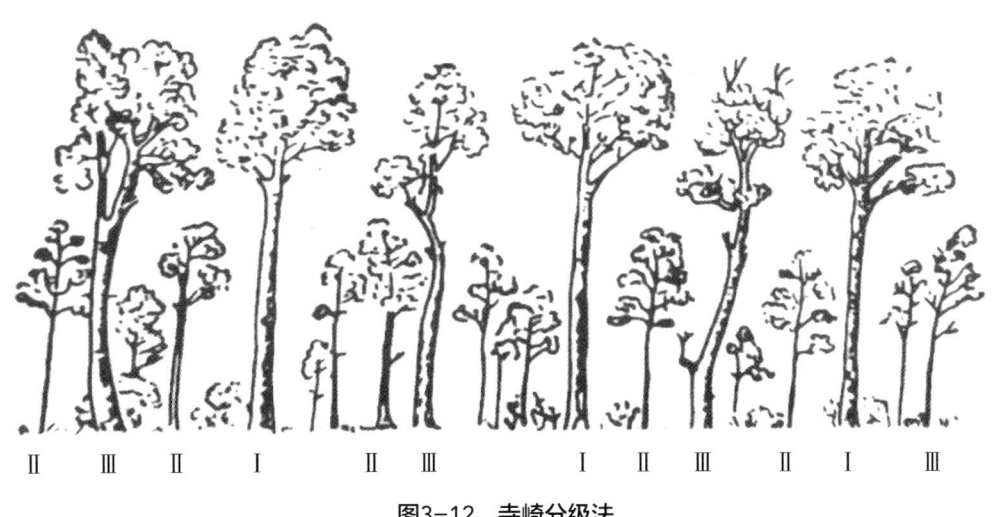

图3-12　寺崎分级法

1. 优势木

优势木是组成上层林冠林木的总称，可分为Ⅰ级木和Ⅱ级木。

Ⅰ级木：树冠发育匀称，不受相邻林木的妨碍；有充分生长发育空间，树干形态也无缺陷。

Ⅱ级木：树冠、树干有多种缺陷，如树冠发育过强，冠形扁平；树冠发育过弱，树干细长；树冠受挤压，得不到充分发展余地；具有形态不良的弯曲木、瘤节，或分杈多；病害木。

2. 劣势木

劣势木是组成下层林冠林木的总称，可分为Ⅲ级木、Ⅳ级木、Ⅴ级木。

Ⅲ级木：树势减弱，生长迟缓，但树冠尚未被压，处于中间状态。

Ⅳ级木：树冠被压，但还有绿冠维持生活。

Ⅴ级木：衰弱木、倾倒木、枯立木。

这种分级方法克服了克拉夫特林木分级法忽视树干形态的缺点，但较为复杂，在现实林分中有时较难判断。

二、Dunning树木分级法

Dunning树木分级法把林木分为下列7级。

Ⅰ级木：龄级为幼龄木或壮龄木；在林冠中的地位为孤立木或优势木（极少为亚优势木）；冠长大于树高的65%；树冠宽度中等或较宽；顶部形状为尖顶；活力良好。

Ⅱ级木：龄级为幼龄木或壮龄木；在林冠中的地位通常是亚优势木（极少为孤立木或优势木）；冠长小于树高的65%；树冠宽度中等或较窄；顶部形状为尖顶；活力良好或中等。

Ⅲ级木：龄级为成熟木；在林冠中的地位为优势木；冠长大于树高的65%；树冠宽度中等或较宽；顶部形状为圆顶；活力良好。

Ⅳ级木：龄级为成熟木；在林冠中的地位通常是亚优势木（极少为孤立木或优势木）；冠长小于树高的65%；树冠宽度中等或较窄；顶部形状为圆形；活力中等或不良。

Ⅴ级木：龄级为过熟木；在林冠中的地位为孤立木或优势木（极少为亚优势木）；树冠大小不定；顶部形状为平顶；活力不良；叶一般呈灰绿色且稀疏。

Ⅵ级木：龄级为幼龄木或壮龄木；在林冠中的地位为中庸木或被压木；树冠大小不定，通常较小；顶部形状为圆顶或尖顶；活力中等或不良，受压后尚有一定的恢复能力。

Ⅶ级木：龄级为成熟木或过熟木；在林冠中的地位为中庸木或被压木；树冠大小不定，通常较小；顶部形状为平顶；活力不良；严重被压，很少有能出商品材的树干。

三、选择疏伐法

选择疏伐法是一种比较独特的疏伐方法。按照这种方法的要求，在林分郁闭以后至中龄林以前，首先砍去形状不整的优势木（Ⅰ级木），并同时进行下层抚育，伐去Ⅴ级木，然后每隔一定年限（1/2龄级）进行一次上层抚育。采用这种方法的出发点主要在于每隔一定年限取得一批大径级的木材，同时为Ⅱ、Ⅲ、Ⅳ级木的生长创造良好的条件。这种方法从利用的观点出发，故又称为工业抚育间伐，其最大特点是每次抚育能取得大径级木材，出材量大，经费收入大于支出。

四、森林抚育间伐发展概述

森林抚育间伐是森林培育的一项基本技术措施，世界各国在抚育间伐方面具有较长的历史。《东坡杂记》里记载："七年之后，乃可去其细密者使大。"说明我国从宋代开始，就已经有了实施树木抚育的方法。《群芳谱》里记载："及长至径四、五寸，便可取作屋材用，留端正者长为大用。"该书更加全面地阐述了杨树抚育的目的、开始期、采伐对象和方法。到近现代，我国的营林措施未得到进一步的挖掘和发展，而欧洲及日本在这方面的研究发展较快。

20世纪30年代初期至40年代中后期，我国杰出的林学家陈嵘借鉴日本的营林经验，在其专著《造林学概要》中，记述了抚育的种类、方法、开始期、采伐强度、采伐木选择以及采伐季节等。20世纪40年代初期，郝景盛在学习德国营林经验的基础上，编著了《实用造林学》。20世纪40年代中后期，黄绍绪编译了美国林学家霍雷的《造林实施法》，更为详尽且系统地将欧洲及美国的现代抚育采伐理论和应用技术介绍到我国，但在当时实践中运用较少。中华人民共和国成立后，大量翻译出版了苏联及东欧的林业科技书刊，正式引入了"森林抚育采伐"这一技术术语。1956年，《森林抚育采伐规程》首次发布。1978年，吉林省林业科学研究院尹泰龙、韩福庆等人，在我国首次研制出人工落叶松林密度控制图，标志着我国森林抚育采伐技术已进入数量化阶段。

纵观世界森林抚育的发展简史，可将其概括为3个阶段。第一阶段为初级阶段，约11世纪至19世纪末期。本阶段的主要特点是针对个别树种提出某一种具体的抚育采伐方法，但缺乏理论性与系统性。第二阶段为定性阶段，19世纪末至20世纪50年代。本阶段的主要标志是形成系统的抚育采伐理论，提出抚育采伐的种类和方法，产生各种采伐木选择的林木分级方法。抚育采伐时，重点为采伐木的选择。根据特性、龄级和利用目的，选定某种抚育采伐的种类和方法，再按林木分级确定何种等级的林木应该被采伐。第三阶段为定量阶段，20世纪50年代末至60年代初。

随着电子计算机和数理统计方法在林业上的应用，在施行抚育采伐时，要把注意力放在林分的生长上。根据林分的生长与立木密度之间的数量关系，在林分不同的生长阶段，按经营目的确定砍伐木或保留木的数量。

● **巩固训练**

对本次实训中用采伐措施清除非目的树种、灌木、杂草的地段和用除草剂清除非目的树种、灌木、杂草的地段，进行后续观察和记录。对两种方法的实施结果进行比较分析，并撰写研究报告。

任务2　抚育间伐技术指标

● **任务描述**

抚育间伐是一项比较复杂的经营技术措施，间伐效果取决于各项技术措施拟定是否科学，实施是否合理。若技术措施采用不当，不仅难以达到预定的目的，而且会造成相反的结果。本任务是掌握抚育间伐的各项技术指标：对进入抚育阶段的小班进行调查，采用定性和定量的方法确定需要进行下层抚育间伐的小班，并确定间伐强度，完成相关表格的填写，进行抚育间伐实训。

● **任务目标**

1. 能够确定抚育间伐强度。
2. 会计算间伐强度。
3. 会间伐并进行打枝、造材。
4. 能进行下层抚育间伐实训。

● **知识准备**

抚育间伐主要技术指标有开始期和间伐强度。

2.1　抚育间伐开始期

抚育间伐的开始期，是指什么时候开始抚育间伐。如何确定抚育间伐开始期，这是进行林木抚育间伐时首先需要解决的问题。开始期适当与否，对林分今后的生长发育有很大的影响。若过早进行间伐，对促进林木生长作用不大，并且不能取得适用的间伐材，起不到抚育应有的作用；若过迟进行间伐，会造成林分过密，林木之间相互挤压，树冠和根系的生长受挫，高、粗生长减退。因此，首次间伐必须适时进行。

首次间伐时间的确定，没有统一的规定，应根据经营目的、生物学特性、林分生长状况、立地条件、造林密度、造林质量、幼龄林抚育管理措施、交通运输条件、劳力及小径材销路等因素综合考虑。其他条件相同的林分，初植密度大的林分比初植密度小的林分开始早；速生树种比慢生树种开始早；立地条件好、林木生长快、郁闭早的林分开始也早，反之则迟；从经营目的来看，水土保持林及其他防护林，除了特殊情况外，一般都要适当地延缓间伐开始期，而用材林的抚育间伐开始宜早。总之，首次间伐一般应于林分分化剧烈、林木树冠和根系生长开始相互干扰时进行。在具体确定时，可根据以下几个方面综合考虑。

（1）根据林分生长量下降期确定。林分直径和胸高断面积连年生长量的变化，能明显地反映出林分的密度状况。因此，直径和胸高断面积连年生长量的变化，可作为是否需要进行第一次抚育间伐的指标。当直径连年生长量明显下降时，说明树木生长营养空间不足，林分密度不合适，已影响林木生长，此时应该开始抚育间伐。当林分的密度合适，营养空间可满足林木生长的需要，则林木的生长量（为了简单可用直径生长量）不断上升。

黑龙江省林业科学研究所通过对人工落叶松林直径连年生长量的测定，指出人工落叶松林一般应在13～15年进行首次间伐。而黑龙江省带岭林业科学研究所则通过试验得出，人工落叶松林不同密度的直径和胸高断面积连年生长率都随年龄增长而减小，并且都存在生长率从某一年起明显下降的现象，指出林分密度在2500～3000株/hm^2时，间伐开始期为第14年；林分密度在3000～4800株/hm^2时，间伐开始期为第13年；林分密度在4800～6000株/hm^2时，间伐开始期为第12年；林分密度在6000～8400株/hm^2时，间伐开始期为第11年；林分密度在8400～10200株/hm^2时，间伐开始期为第10年。

（2）根据林木分化程度确定。在同龄林中林木径阶有明显的分化，当林分分化到小于平均直径的林木株数达40%以上，或Ⅳ、Ⅴ级木占到林分林木株数30%左右时，应该进行第一次抚育间伐。

（3）根据林分直径的离散度确定。林分直径的离散度是指林分平均直径与最大、最小直径的倍数之间的距离。如某林分平均直径为20cm，最小直径为4cm，最大直径为32cm，则离散度为（32/20）-（4/20）=1.4。离散度越大，说明林木直径分化越明显，可以据此确定抚育间伐开始期。不同的树种，开始抚育间伐时的离散度不同。例如，刺槐的直径离散度0.9~1时，麻栎的直径离散度0.8~1时，应进行第一次抚育间伐。

（4）根据林木的株数按径阶分配的比例来确定。林木的株数按径阶分配的比例表示林木分化程度的具体指标，分化越强烈，林木间直径相差越大，小径木的数量越多。一般以自然径阶（即林木直径与林分平均直径的比值，平均直径为1）在0.8以下者作为小径木统计，小径木数量的多少可以作为是否进行首次间伐的依据。吉林省长春市净月潭实验林场规定，人工红松林小径木占40%左右进行首次抚育间伐。

（5）根据自然整枝高度确定。林分的高密度引起林内光照不足，当林冠下层的光照强度低于该树种的光合补偿点时，则林木下部枝条开始枯死掉落，从而使活枝下高增高。一般当幼龄林平均枝下高达到林分平均高的1/3时（如杉木）或1/2时（建柏、柳杉），应进行初次抚育间伐。

（6）根据林分郁闭度确定。这是一种较早采用的方法，以法定间伐后应保留的郁闭度为准，当现有林分的郁闭度达到或超过法定保留郁闭度时，即应进行首次间伐。一般阳性树种幼龄林郁闭后3~4年，其他树种幼龄林郁闭后5~6年，可进行第一次抚育间伐。刚郁闭1~2年立即间伐，不利于林木生长。除此之外，还可以根据郁闭度及疏密度指标来确定抚育间伐开始期，当林分郁闭度达到0.9左右时，林内树冠交接重叠，此时林分的株数偏密，应及时砍伐部分林木以疏开林冠。在生产上也有以疏密度达0.9以上作为首次间伐的依据。

（7）根据树冠长度与树高之比来确定。树冠郁闭之后，林木开始自然整枝，自然整枝越强烈，树冠越小，说明林木之间竞争越剧烈。树冠大小可用树冠长度占全树高度的百分比表示，即冠高比。冠高比是树冠供应全株树木营养能力的指标，通常一株树的冠高比大于1/3时林木生长好；小于1/3或更低时长势减弱；冠高比过小时，间伐后林木难以恢复生长，甚至死亡。故当林分中优势木冠高比处于1/3左右时，即应开始间伐。

（8）根据林分密度管理图确定。林分密度管理图是现代森林经营的研究成果，我国对杉木、落叶松等主要造林树种已建立了比较成功的林分密度管理图。在系统经营的林区，可用林分密度管理图中最适密度与同树种、同树龄、同地位级的实际林分密度对照，实际林分密度高于图表中密度时，表明现有林分应进行抚育间伐。

表3-6为黑龙江主要树种抚育间伐开始期。

表3-6 黑龙江主要树种抚育间伐开始期

树种	开始期/年
红松	13~18
落叶松	9~13
樟子松	10~15
油松	14~19
栎类	11~14
刺槐	5~7
杂木林	11~15
慢生杨树组	2~5
中生杨树组	3~5
速生杨树组	2~4
针阔混交林	8~12

2.2 抚育间伐强度

2.2.1 确定抚育间伐强度的意义

抚育间伐时采伐和保留林木的多少及其使林分稀疏的程度称为抚育间伐强度。确定抚育间伐强度是抚育间伐工作中的关键问题，它直接影响到抚育间伐的效果。抚育间伐强度不同，林内环境条件（光、热、水、气、植被和土壤条件等）在量和质上都发生不同的变化，林木生长适宜程度就有明显的差异，对林木的直径生长、树高生长、材积生长、材质和工艺成熟等方面都有不同的影响。所谓适宜的间伐强度，就是间伐适量，伐后林分的环境有较大的改善，给保留木提供良好的生长条件。由于间伐强度在抚育间伐中具有很重要的意义，因此在确定间伐强度时，必须考虑下列因素。

（1）森林经营目的。培育大径材的林分，应在早期采用强度较大的间伐，以培育大径材和提高工艺成熟期；培育矿柱、电杆、椽、檩等中、小径材的林分，为了提高单位面积产量，要使林分保持较高的材积生长量，宜采用较小的间伐强度；水土保持林、防护林等如遭受病虫危害需要进行间伐时，只能进行弱度间伐，以保持应有的林分结构，保证其防护效益的发挥。

（2）林分特点。耐阴树种组成的林分比喜光树种组成的林分间伐强度小些；速生树种组成的林分，间伐强度可大于慢生树种组成的林分；疏密度大的林分比疏密度小的林分，间伐强度可大些；处于幼龄、壮龄阶段的林分，树冠扩展快，可采用较大的间伐强度；初植密度较大的林分，间伐强度应大些，反之强度应小些；密度过大且长期未进行间伐的林分，初次间伐时间伐强度应小些，以免林木因突然疏开，不能适应新的环境而受各种灾害。

（3）立地条件。立地条件好的林分，林木生长迅速，可采用较大的间伐强度；立地条件差的林分，林木生长缓慢，间伐强度宜小。阳坡、陡坡上的林分，间伐强度不宜太大；阴坡、缓坡上的林分，间伐强度可适当增大。

（4）当地经济条件。在经济比较发达、运输条件好、小径材有销路的地区，可采用多次弱度间伐；而经济条件落后、运输条件差、劳力缺乏的地区，首次间伐强度宜大些。

2.2.2 抚育间伐强度的表示方法

不同间伐强度对林内环境条件产生的影响不同，反映在林木生长上也有不同的影响。确定适宜的间伐强度，是抚育间伐技术中的关键问题，可直接影响抚育间伐的效果。间伐强度表示的方法有两种。

（1）用株数表示，计算方法见式（3-1）。

$$P_n = \frac{n}{N} \times 100\% \quad (3\text{-}1)$$

式中　P_n——间伐强度（用株数表示）；

　　　n——采伐株数，株；

　　　N——伐前林分株数，株。

用株数表示间伐强度的方法，计算比较简单，人工抚育间伐时常用这种方法。但这种方法反映不出间伐出材量，可能产生以下问题：下层抚育时砍伐小径级的树木，上层抚育时砍伐大径级的树木，机械抚育时大、小径级的树木均砍伐，这常常使计算出的间伐强度相同，但伐后林分结构却有很大差异。因此，一般只在透光伐幼龄林中和不需要计算材积的间伐中采用该方法。

（2）用蓄积量表示，计算方法见式（3-2）。

$$P_m = \frac{m}{M} \times 100\% \quad (3\text{-}2)$$

式中　P_m——间伐强度（用蓄积量表示）；

　　　m——采伐木蓄积量，m^3；

　　　M——伐前林木总蓄积量，m^3。

用蓄积量表示间伐强度的方法，可直接反映间伐树木的数量，但蓄积量计算比较复杂，也不能说明采伐后林木营养面积的变化。由于同树种、同立地条件、同年龄时蓄积量和断面积存在线性关系，所以有时可用断面积代替蓄积量来计算间伐强度。

以上两种表示方法各有优缺点，在实际工作中为更好地说明抚育间伐强度，两种方法往往同时使用。

2.3 抚育间伐强度的确定原则及分级标准

2.3.1 确定原则

（1）能提高林分的稳定性，不至于因林分稀疏而招致风害、雪害以及滋生杂草。

（2）不降低林木的干形质量，又能改善林木的生长条件，增加营养空间。

（3）有利于单株材积和林木利用量的提高，并兼顾抚育间伐木材利用率和利用价值。

（4）形成培育林分的理想结构，实现培育目的，增加防护功能或其他有益效能。

（5）紧密结合当地条件，充分利用间伐产物，在有利于培育森林的前提下增加经济收入。

2.3.2 分级标准

间伐强度如采用每一次伐木的蓄积量占伐前林分蓄积量的百分率表示，一般分为4级：弱度，即砍去原蓄积量的15%以下；中度，即砍去原蓄积量的16%～25%；强度，即砍去原蓄积量的26%～35%；极强度，即砍去原蓄积量的36%以上。

2.4 抚育间伐强度的确定方法

抚育间伐强度的确定方法，比较理想的是通过长期的、不同抚育间伐强度的定位研究，制定出在一定立地条件下，与经营目的相适应的，以及各不同生长发育阶段林分应保留的最适株数，以此作为标准来确定现实林分的间伐强度。抚育间伐强度的确定方法分为定性和定量两大类。

（1）定性确定抚育间伐强度。根据树种特性、龄级和利用的观点，预先确定某种抚育间伐的种类和方法，再按照林木分级确定应该砍除的林木，由选木的结果计算抚育采伐量。

①按林木分级确定抚育间伐强度：利用克拉夫特林木分级法，在下层疏伐中可确定哪一等级或某等级中的哪一部分林木应该被砍掉，从而决定抚育间伐强度。通常强度级别可分为：弱度抚育采伐，只砍伐Ⅴ级木；中度抚育采伐，砍伐部分Ⅴ级木和Ⅳ级木；强度抚育采伐，砍伐全部Ⅴ级木和Ⅳ级木。

②根据林分郁闭度和疏密度确定抚育采伐强度：遵照《森林抚育间伐规程》的规定，将过密的林木（起码林分郁闭度或疏密度要高于0.8）进行疏伐后，林分郁闭度下降到预定的郁闭度，一般间伐后林分郁闭度保留在0.6和疏密度保留在0.7以上。不同的间伐强度，间伐后保留的疏密度如下：弱度，0.8～0.9；中度，0.7～0.8；强度，0.6～0.7；极强度，0.5～0.6。

（2）定量确定抚育间伐强度。根据林分的生长与立木之间的数量关系，在不同的生长阶段按照合理的密度，确定砍伐木或保留木的数量。

①根据胸径与冠幅的相关规律确定：冠幅的大小，反映林木的营养面积大小，也影响林木胸径的大小。一般冠幅越大，胸径越大，单位面积上的株数越少。根据胸径、冠幅和立木密度的相关规律，推算不同胸径时的适宜密度，用此密度指标作为确定间伐强度的依据。由于林木胸径便于测定，这种方法应用较为普遍。

黑龙江省林业科学院根据树冠面积依胸径变化的规律，以大量调查资料提出了人工落叶松林最大密度（N_m）依胸径（D）变化规律的经验公式，见式（3-3）。

$$N_m = \frac{100.99 + 23036.67}{D} \qquad (3-3)$$

式中 N_m——最大密度，株/hm²；

D——胸径，cm。

依据以上经验公式，编制了人工落叶松林经营密度指标，如表3-7所示。

表3-7 人工落叶松林经营密度指标

胸径/cm	最大密度（1.0）/（株/hm²）	经营密度（0.7～0.8）/（株/hm²）	胸径/cm	最大密度（1.0）/（株/hm²）	经营密度（0.7～0.8）/（株/hm²）
6	3940	2758～3152	16	1540	1078～1232
7	3392	2374～2714	17	1456	1019～1165
8	2980	2086～2384	18	1380	966～1104
9	2670	1869～2136	19	1311	891～1050
10	2404	1683～1923	20	1252	876～1002
11	2195	1537～1756	21	1198	839～958
12	2020	1414～1616	22	1148	804～918
13	1873	1311～1498	23	1102	771～882
14	1746	1222～1397	24	1060	742～848
15	1636	1145～1309	25	1022	751～818

表中最大密度即由上述经验公式求出，显然最大密度一定大于最有利于林分生长状况下的立木密度（即经营密度），而适宜的经营密度是由定位研究获得最确实的数据后定出来的。

利用此表可以确定人工落叶松林抚育间伐的各项技术指标。应用时，只需了解现实林分的平均胸径和密度，即可从表中查出该林分是否需要进行抚育间伐，间伐时保留多少株数，林分在多大平均胸径时需进行下一次抚育间伐等。这样，各次间伐时林分的径级与相应株数都能从表中查出，并计算出按株数计算的间伐强度。

例如：某人工落叶松林的平均胸径为11.6cm，密度为2170株/hm²，若保留经营密度0.8，该林分是否要进行间伐？间伐多少株？间伐强度多大？胸径长到多大时进行下次间伐？需要间伐几次？各次间伐的株数和强度为多少？

答案：根据$D=11.6cm≈12cm$，$N=2170$株/hm²。

a. 当$D=12cm$时，最大密度$N_m=2020$株/hm²，$N>N_m$，所以需要进行间伐。

b. 保留经营密度0.8，应保留1616株/hm²，间伐的株数为2170－1616=554株/hm²。

c. 间伐强度：$P_n=n/N×100\%$，即554÷2170×100%≈26%。

d. 当胸径长到15cm时，经营密度又接近最大密度，应进行下一次间伐。

e. 第二次间伐的株数为1616－1309=307株/hm²。

f. 间伐强度：307÷1616×100%≈19%。

g. 第三次间伐的时间为胸径长到19cm时。

h. 第四次间伐的时间为胸径长到24cm时。

i. 共间伐四次。

②根据树高与冠幅的相关规律确定：间伐强度确定的合理，是指把过密的林木砍除后使留下的林木为合理保留株数。一株树占地面积大致与它的树冠投影面积相等，可用树冠投影面积代表一株树的营养面积。冠幅与树高的比值称为树冠系数。不少树种冠幅直径为树高的1/5，于是常用$(H/5)^2$代表近似的营养面积。那么单位面积上的合理保留株数，可利用式（3-4）求得。

$$N_0=\frac{10000}{(H/5)^2}=\frac{250000}{H^2} \quad (3\text{-}4)$$

式中　N_0——每公顷合理保留株数，株；

　　　H——林分优势木平均高，m。

采用式（3-5）求得抚育间伐强度。

$$P_n = \frac{(N - N_o)}{N} \times 100\% \qquad (3\text{-}5)$$

式中 P_n——抚育间伐强度；

N——现有林分株数，株；

N_o——合理保留株数，株。

③根据林分密度管理图确定：根据密度效应法则可知，林分各项因子如单位面积产量、平均个体重、平均干材积以及林木直径等都随林木密度的变化而变化。因此，人们利用这种密度与林分生长各种变量之间的变化规律，应用数学分析和数理统计方法，拟定密度效应数学模型并绘制成图像，作为确定抚育间伐各项技术指标的依据。这种图像是分别不同树种绘制的，常称为密度控制图或密度管理图，除用于定量间伐外，还可用于生长预测、确定造林密度、资源调查以及划分经营类型等方面。

吉林省林业科学研究院尹太龙等人根据上述方法，在吉林省中部和东部地区，首次研制了人工落叶松密度控制图（图3-13）。该图由等直径线、等树高线、等疏密度线、最大密度线以及自然稀疏线组成，用来表达林分的生长与密度之间的数量变化关系，可作为定量抚育间伐设计的依据。

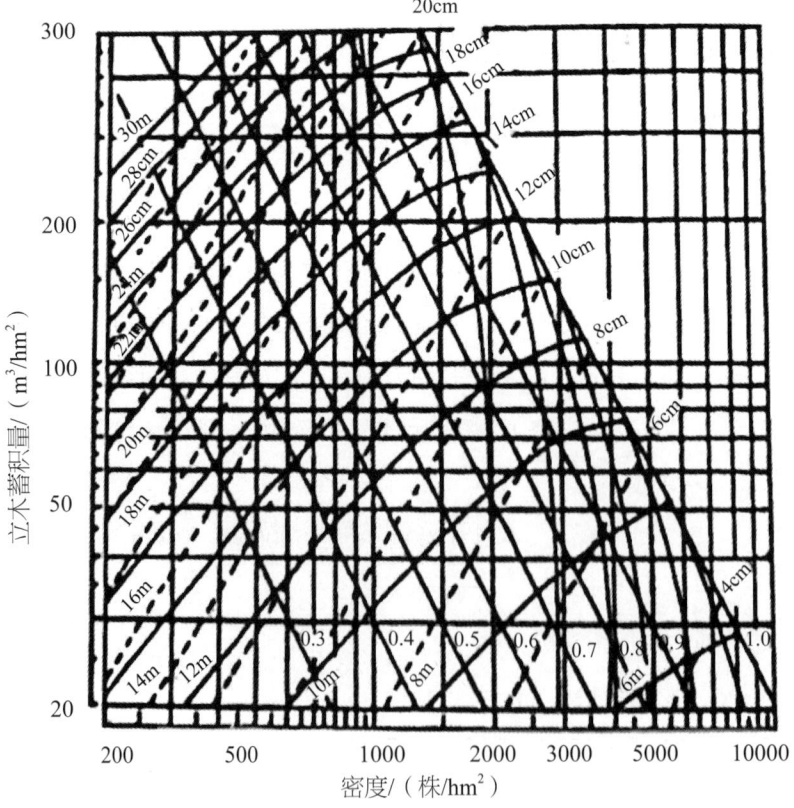

图3-13 人工落叶松密度控制图

等直径线：平均直径相等情况下，平均单株材积或单位面积蓄积量随株数变化而变化的关系曲线。

等树高线：上层高相等情况下，平均单株材积或单位面积蓄积量随株数变化而变化的关系曲线。

等疏密度线：森林经营中调节林分密度的曲线，以各等高树线的最大蓄积量为1，沿各等树高线以10分法的比数下降为0.9、0.8、0.7……将相同点连接成线而得。

最大密度线：当林分在某一生长阶段中，平均单株材积最大、单位面积蓄积量最高、株数最多的关系曲线。

自然稀疏线：林木株数随着林分的生长而日益减少的曲线。

例如：人工落叶松林，$D=12$cm，$N=2000$株/hm²，要求下层抚育后林分疏密度不低于0.8，求单位面积蓄积量M，疏密度P，优势木高H，间伐后保留的株数N_1和材积M_1，间伐株数ΔN，间伐材积ΔM，间伐株数强度P_n和蓄积强度P_m及伐后直径D_1。

答案：

a. 在12cm直径线与横坐标$N=2000$株/hm²处垂线的交点，向纵轴读数，单位面积蓄积量$M=174$m³/hm²。

b. 交点位于0.9和1的最大密度线之间，读疏密度$P=0.94$（估读）。

c. 交点落在14m和16m两条等树高线之间，按上层高增加的比例读$H=15$m。

d. 间伐后的指标：下层抚育后疏密度不低于0.8，下层抚育$H=15$m，0.8等疏密度线与想象的15m等树高线相交处，向横轴读数$N_1=1400$株/hm²，向纵轴读数$M_1=148$m³/hm²。

e. 间伐株数和材积计算如下。

$\Delta N=N-N_1=2000-1400=600$株/hm²；

$\Delta M=M-M_1=174-148=26$m³/hm²。

f. 间伐株数强度、蓄积强度计算如下。

$$P_n=\frac{\Delta N}{N}\times 100\%=\frac{600}{2000}\times 100\%=30\%；$$

$$P_m=\frac{\Delta M}{M}\times 100\%=\frac{26}{174}\times 100\%\approx 15\%。$$

g. 读间伐后点在直径线的位置，$D_1=13.3$cm。

实训情境

1. 实训内容

在林场或林区需要进行下层抚育的纯林林分中进行实训操作。

2. 实训工具材料

地形图、罗盘、三脚架、围尺、皮尺、测高器、标杆、记录夹、计算器、三角板、镰刀、粉笔、厘米方格纸、经营数表、标准地外业调查表等。

3. 实训场景

使用多媒体观看没经过抚育间伐、林木开始分化、已出现树木自然死亡的落叶松纯林图学。这些枯死的林木都已经没有了利用价值,如何才能有效地利用这些林木,以此为切入点,进行师生互动,引出抚育间伐实训任务。

任务实施

一、外业部分

1. 确定下层抚育采伐对象

首先,将小班档案卡调出,认真查阅各小班林分情况,如符合下层抚育条件则到现场进行踏查。如果档案记载和现场情况基本一致,即可进行下层抚育间伐设计。如果是第一次抚育间伐,可根据自然整枝高度进一步确定是否必须进行抚育间伐。林分充分郁闭后,林冠下部光照微弱,使林木枝下高不断上升,当平均枝下高达到林分平均高的1/3时,可进行首次间伐。方法:标准地内选3~5株中等直径木,测其树高和枝下高,求出平均树高和枝下高。当枝下高与树高之比≥1/3时,进行首次间伐。如果曾经间伐过,可根据林木冠形变化的动态来确定是否再次间伐。例如,间伐前林分的郁闭度为1,间伐后保留木的郁闭度为0.8。经过一定年限后,林冠郁闭度将由0.8重新恢复到1,此时林木树冠生长受阳,可据此确定再次进行间伐,以调整林分密度。

2. 小班面积测定

(1)踏查、设点。确定小班面积测定的概况,然后确定导线的布置形式。

①设点处要地势开阔,控制面大。

②相邻导线点间要通视,便于观测。

③各导线边长大致相等,一般以50~150m为宜。

④避免在铁轨旁、地下管道上、高压电线下等处设点,以防磁针受扰。

⑤在选好的导线点上,打一木桩标定,桩顶钉一小钉或画十字标志点位,并按顺序

编号,绘出略图。

(2)量距。在地势平坦地区一般用皮尺或测绳丈量,要求往返丈量的相对误差不得超过1/250。往返测量结果若超出限差,则需要重新丈量;若达到精度要求,将结果计入手簿中。

(3)测磁方位角。为了检查错误,提高精度,必须观测各导线边的正、反方位角,每条导线边的正、反方位角应相差180°,其允许不符值为30'。若超出限差,应立即找出原因,返工重测。测量精度要求≤1/100。将测量结果记入表3-8中。

表3-8 罗盘仪导线测量记录

测线	正方位角/(°)	反方位角/(°)	平均方位角/(°)	倾斜角/(°)	斜距/m	水平距离/m	备注

调查人:_____ 记录人:_____

3. 确定抚育采伐强度

采用用株数表示的间伐强度和用蓄积量表示的间伐强度同时控制间伐量,抚育间伐后单位面积株数不低于林分适宜保留株数的下限。当用株数表示的间伐强度和用蓄积量表示的间伐强度不能同时满足《森林经营技术规程》的规定时,以用蓄积量表示的间伐强度为准。根据《森林经营技术规程》规定,用蓄积量表示的下层抚育间伐的蓄积强度不允许超过25%。

(1)设置标准地。外业调查以小班为单位进行。抚育间伐小班的调查是通过标准地推算的,为此,要在抚育间伐的小班中设置临时标准地。选择标准地的基本要求:必须对所要进行抚育间伐的林分有充分的代表性,不能跨林分、小河、道路或伐开的调查线,而且应离开林缘。标准地形状:应为规则的几何图形——正方形或长方形。标准地面积:森林抚育间伐在小班中设置的标准地面积应为小班面积的2%,但不应小于0.1hm^2,当小班面积过小时可将整个小班视为标准地。用罗盘仪测角,用皮尺或测绳量距,在坡地上量距应改换成水平距。境界测量的闭合差不得超过1/200,临时标准地应伐开四周边界,以能通视为原则。对测线外的树木,在面向标准地的一面应标出明显记号。标准地四角应埋设标桩,并在表3-9中绘制标准地位置略图。

表3-9　林分因子调查

标准地位置：_____　　设置年度：_____　　林班：_____　　小班：_____
标准地种类：_____　　标准地面积：_____

林权		郁闭度		幼树种类及分布		标准地位置略图
小班面积		坡向		下木种类及分布		
标准地面积		坡度		活地被物种类及分布		
森林分类		坡位		林分特点		
林种		土壤名称		人工林历史情况		
亚林种		土层厚度		—		
经营措施		土壤质地		—		
起源		小地名		—		
林龄		小班原面积		—		

调查人：_____　　记录人：_____

（2）标准地调查。在设置好的标准地中进行土壤质地、土层厚度、植被等因子的调查，并按实际情况填写表3-9。

（3）每木检尺。在标准地中进行每木检尺，量测距地面1.3m处的树木直径；如遇斜坡，应站在上坡对树高1.3m处进行检尺；立木在1.3m以上分权的树按一株数计算，在1.3m处以下分权的树按两株或多株数计算。将检尺数据以"正"字记入表3-10中，并计算该小班林分的平均直径。

表3-10　每木检尺记录

直径/株树	平均直径	株树合计	备注
合计			

调查人：_____　　记录人：_____

（4）定量确定是否需要进行抚育间伐。根据标准地林木株数推算每公顷林木株数，根据林分平均直径和每公顷林木株数查找《森林经营技术规程》中的一般用材林主要树种（组）抚育间伐适宜保留株数表，计算该小班是否需要进行抚育间伐。具体参照各地区的《森林经营技术规程》。

（5）绘制树高曲线。按径阶用测高器和围尺测定树高和直径。中央径阶需测3~5株，其他径阶需测1~2株。将结果填入表3-11中，并在厘米方格纸上绘制树高曲线。

表3-11 测高记录

径阶/树种	直径	树高	径阶	直径	树高

调查人：_____　　记录人：_____

（6）林木分级。单纯同龄林的林木分级一般采用克拉夫特林木分级法。一般情况下，林木直径和标准地中的林分平均直径相接近的即为Ⅲ级木，大于林分平均直径的林木为Ⅰ级木或Ⅱ级木，小于林分平均直径的即为Ⅳ级木或Ⅴ级木。

根据克拉夫特林木分级法将标准地中的林木分级，并记入表3-12中。

表3-12 林木分级记录

直径/株数	Ⅰ	Ⅱ	Ⅲ	Ⅳ	Ⅴ	备注
合计						

调查人：_____　　记录人：_____

（7）确定砍伐木。根据"四看四留"原则确定砍伐木：一看树冠，二看树干，三看树种，四看株距；砍劣留优，砍弯留直，砍密留匀，砍病腐留健壮。确定完成后根据《森林经营技术规程》中一般用材林主要树种（组）抚育间伐适宜保留株数表，验证确定的砍伐木数量是否合理，如不合理要现地抹号或增号，直至保留木的株数符合要求。下层抚育要求采伐后的林分平均直径不低于伐前林分平均直径，将结果记入表3-13中。

表3-13 采伐木确定

直径/株数	Ⅰ	Ⅱ	Ⅲ	Ⅳ	Ⅴ	备注
合计						

调查人：_____　　记录人：_____

（8）验证用蓄积量表示的间伐强度。计算用蓄积量表示的间伐强度是否超过25%，如果超过，要现地抹号，直至间伐强度合理为止。

4. 材种出材率调查——砍伐与打枝、造材

采用标准地法，将标准地中确定的砍伐木全部砍伐进行造材。

（1）砍伐。首先根据树木生长的形态、树冠重心垂直于地面的位置以及地势，判断待伐倒树木的自然倒向，然后采用锯断法进行伐木，包括锯下楂、挂耳子、锯上楂、加楔、留弦5个步骤。

①锯下楂：下楂口有矩形和三角形两种。矩形下楂口在预定树倒方向一侧的根部，锯两个平行锯口，外厚内薄，并抽出中间的木片；三角形下楂口是一道水平口，在其上方或下方锯出一道倾斜口，角度以30°～45°为宜。迎山倒的采伐木最好锯三角形下楂口，可使树木倒时不发生向后蹬出的现象；下楂口的上下边合拢时要完全接触，才能压力均匀，不易劈裂。下楂口的深度和高度（两锯口的间距大小）对树木的倾倒和工作的安全很重要，如果伐木时锯下楂的深度和高度不足，树木倾倒时，容易产生根部劈裂或下楂口顶在伐根上等现象；如果下楂深度过大，就会增加下楂口的高度，从而使伐根过高，造成木材损伤。

②挂耳子：根据被伐树木的生长情况和树倒方口来确定挂双耳还是挂单耳。采伐木自然倒向和控制倒向一致时，一般要挂双耳；采伐木自然倒向和控制倒向不一致需要借向时，则应挂单耳。向右借向的，要挂在左边；向左借向的，则要挂在右边。

③锯上楂：上楂锯口的位置是在下楂口的对面，同下楂口的上锯口平行；上楂锯口不能低于下楂口的上锯口，否则容易使树倒方向不正；锯上楂时要使锯板保持水平，并和树干的纤维垂直。伐木时，如果采伐树木直径小于锯板长度，可以站在面对树倒方向的左侧，从左向右，采用逐次切入法和转锯法。逐次切入法就是在第一次下锯的锯导板已经全部进入树干，截断一部分木材后，把锯板从锯口中抽出来，另找一个支点再行下锯，如此循环削至树倒为止。转锯法就是在第一次下锯的导板全部锯入树干后，不把锯板从锯口中抽出来，而是边削边转移支点，围绕树干逐次进行切削，直到树倒为止。

④加楔：锯上楂时易发生夹锯现象，待锯板全部进口后，可以在上楂口打楔子。打楔子不能硬打，以防止楔子蹦出伤人，应先用小楔子，待锯口略起后继续使用中、小型楔子；加楔的位置一般选择在与树倒方向相对的地方，不能偏位，否则不能有效地控制树倒方向，还会破坏借向措施。

⑤留弦：弦的形状、大小和位置，要根据所要求的树倒方向来决定。采伐树木的自然倒向和控制倒向一致时，要留出一条等宽的弦，当有风力影响的时候，可将弦偏向风

力作用的方向。需要借向的树，树往哪边倒，哪边留弦就要多。留弦的宽度根据树木直径的大小来决定，大树多留，小树少留。为了防止树木劈裂，在树将要倒之前，必须控制留弦，加快锯截。树起身时，应立刻把锯抽出，躲入安全道去，伐根高度要求不大于10cm。

（2）打枝、造材。

①打枝：同一伐倒木上只允许一名打枝工进行打枝。打枝工必须选好站位，一般应站在伐倒木一侧打另一侧的枝丫。同时，打枝工的打枝位置要距伐木工的伐木位置50m以上，如伐倒木特别粗大，可站在树干上打枝；如为横山倒的伐倒木时，应当站立在上坡打枝；如遇伐倒木重叠、交错时，可从上而下依次进行。打枝时要遵循平、光、净的原则：平是指切口要平整，不留茬，不凹陷；光是指切口面要光滑，不劈裂；净是指打枝时无论大枝小枝，除需要外，一律打干净。打枝时从根部打向梢部，直到树梢直径6cm处截断。

②造材：必须根据原条特点合理进行造材。

a. 正常健全的原条造材：对于树干通直、尖削度小、节子小而少、无病腐等缺陷的原条应优先造特殊用材，然后再造一般加工材，根部径级较大应尽量造长材。

b. 多节原条造材：把节子最多且节子直径最大部分尽量造成直接使用的原木和枕资。

c. 腐朽原条造材：根部外腐时，将根部腐朽部分造在一段原木上。如果外腐长度超过1m，可以将腐朽部分截去，力求多造经济材。根部内腐，不符合等内标准时，将此部分造成次加工用材；对蔓延部分难以判断的采用量锯法先造长2m的短材，观察锯口断面的变化情况，再确定下一个锯口位置进行造材即可。梢部内腐时，从梢部开始量造。

d. 虫眼和裂纹原条造材：对于有虫眼的木材，根据虫眼的大小和密集程度，适当集中在一根原木上或分散在几根原木上，并尽量造成对虫眼限制较宽的材种。有裂纹时，造成对裂纹不限或允许限度内的材种。尽量缩短裂纹长度。对不符合登记标准的原条，可以把裂纹造在一根短原木上，对不影响等级的造成6m或8m的长材。

e. 干性缺陷造材：弯曲原条造材时见弯取弯，大弯变小，小弯变了。尽量造成一面弯曲的原木或截去弯曲严重的部分。尖削度大的部分造成短材，尖削度小的部分造成长材。带扭纹的原条多造成直接使用的原木，或造成对扭纹不加限制或允许限度内的材种。对带有双丫的原条，造材时不要造成双丫条，应在双丫处截齐，造成双心材。小双丫材在连接处劈开，大径双丫材造成短材。

将造材结果记入表3-14中。

表3-14 标准地造材记录

树种		材种：___			材种：___			材种：___			材种：___			材种：___			合计
径阶	树高	小头直径	长度	根数	小头直径	长度	根数	小头直径	长度	根数	小头直径	长度	根数	小头直径	长度	根数	

调查人：_____ 记录人：_____

二、内业部分

1. 绘制小班平面图并计算面积

在厘米方格纸上按照1∶1000的比例尺，根据罗盘导线测量外业数据，绘制小班平面图并计算面积，并将图转绘到图3-14中。

林班号：_____ 小班号：_____

比例尺：_____

图3-14 森林采伐作业设计实测

2. 填写标准地调查簿

将外业调查数据如实填写在如图3-15所示的标准地调查簿中。

标准地号：_____

```
林班：_____        小班：_____        林木权属：_____
森林类别：_____    林种：_____
亚林种：_____      经营措施类型：_____
小班面积：_____    标准地面积：_____
小班蓄积：_____    标准地蓄积量：_____
坡向：_____        坡度：_____        坡位：_____
土壤名称：_____    幼树数量及生长发育状况：_____
土层厚度：_____    植被盖度：_____
```

调查人：_____

图3-15 标准地调查簿

3. 填写林分因子调查统计表

将林分因子调查结果及间伐强度和标准地采伐量计算结果填入表3-15中。

表3-15 林分因子调查统计表

标准地号：_____

调查因子/项目	伐前	伐后
林分起源		
林龄		
林相		
林木组成		
蓄积量		
株数		
郁闭度		
平均胸径		
平均树高		

4. 转绘树高曲线

根据标准地调查结果，转录测高记录结果于表3-16中，并转绘树高曲线。

表3-16 测高记录

树种	径阶	实测记录		树种	径阶	实测记录	
		直径	树高			直径	树高

5. 填写标准地内业记录表

将计算的结果和其他外业调查相关数据填入表中,填写过程中要细致认真,做到数据转录无误。

(1)将表3-14的原始数据转录到表3-17和表3-18中。

(2)将表3-10和表3-13的原始数据转录到表3-19和表3-20中。

(3)将表3-8的原始数据转录到表3-21中。

表3-17 标准地造材记录

标准地号:_____

树种	直径/cm	树高/m	立木材积/m³	材种													出材率/%
				(填写)				(填写)				(填写)				(填写)	
				小头直径/cm	材长/m	根数	材积/m³	小头直径/cm	材长/m	根数	材积/m³	小头直径/cm	材长/m	根数	材积/m³	小头直径/cm	材长/m	根数	材积/m³	

检尺员:_____ 记录员:_____ ____年___月___日

表3-18 标准地材种出材量统计

标准地号:_____

径阶/cm	采伐株数/株	经济材/m³							林副产品		
		规格材				非规格材			原条/m³	小杆/m³	大柴/m³
		合计	电柱(梁材)	檩材	原木	小径原木	合计	等外材	其他			

表3-19　每木调查记录（一）

标准地号：_____　　　树种：_____

径阶/cm	保留木					
	合计	I	II	III	IV	V

表3-20　每木调查记录（二）

标准地号：_____　　　树种：_____

径阶/cm	采伐木					
	合计	I	II	III	IV	V

表3-21　罗盘导线（GPS）测量记录

林班号：_____　　　小班号：_____
导线名称：_____　　　GPS接收机型号：_____　　　_____年___月___日

点号	测线	方位角/(°)	倾斜角/(°)	距离/m		GPS坐标	
				斜距	水平距	X	Y

6. 绘制作业小班在林班中的位置图

作业小班位置图是根据外业区划、测量的成果，林分因子以及各种作业设施整饰转绘着墨制成的。图内应绘制作业区的周界、经营小班界、作业小班位置、明显地物、山脉、河流、道路等，并将运材道路、集材点、临时房舍等绘在图上，以符号表示。

小班面积以公顷为单位，并在林班内由左到右、由上到下的顺序在图上进行经营小班编号（或按原小班编号）。对所有小班注记：分子写小班号、林种，分母写小班面积、优势树种，在与分号线平齐的右侧注记森林类别等。对作业方式不同的小班应用不同颜色，图的比例尺一般为1∶10000（或1∶25000），具体做法如下。

（1）用铅笔按新区划的经营小班界线或原森林二类调查绘制的林相图小班界线，将作业区界线、林班界线转绘到图3-16中。注意整幅图的布局要合理。

（2）给作业小班着色，以表示作业小班在作业区的位置。对作业方式不同的小班应着不同的颜色。

（3）按各级界线的规定（粗细、长度、虚实），给小班界线、作业区界线、林班界线着墨。

（4）按小班、林班的注记要求给小班、林班注记。林班注记：分子写林班号、场名（或村名），分母写林班面积。

（5）在图上用符号绘制集材点、临时房舍的位置。

（6）添加图名、图例、指北针、比例尺、编写绘制人、绘图时间等。

（7）绘制图廓线，对图面进行全面清绘。

林班号：_____　　小班号：_____

比例尺：_____

图3-16　作业小班在林班中的位置示意图

三、成果提交

提交一份林分下层抚育森林经营作业设计呈报书，由上述图表组成。

四、抚育间伐施工

1. 施工前准备工作

（1）学习森林抚育间伐的政策、技术标准、设计原则，熟悉作业区的情况。

（2）学习生产安全知识并严格执行，保证生产任务顺利完成。

（3）根据采伐任务准备好采伐工具、生活物品、医疗用品等必需品。

2. 采伐木确定

采伐木确定原则如下。

（1）淘汰低价值的树种。

（2）砍去品质低劣和生长落后的林木。

（3）为改善森林卫生环境应将已感染病虫害的林木尽快除去。

（4）维护森林生态系统的平衡，为森林中的生物保留有洞穴且未感染病虫害的林木。

3. 采伐木标定

标定采伐木是施工前完成的技术性工作，不允许不打号采伐，不允许非打号员打号。生产作业中属临时打号的，用粉笔打号或镰刀砍号都可。砍号只可刮破树皮，不能砍伤木质部，标记的方向一致。

4. 采伐作业

（1）采伐。采伐前选好树倒方向，除掉采伐木基部妨碍作业的灌木，打出安全通道。打号林木按预定的方向伐倒，不要伤害保留木。伐木时，端平锯，先锯下口，后锯上口，尽量降低伐根，伐根高度不高于10cm。

（2）打枝。从树干基端向梢头打枝，人站在树左侧打右面的枝，站在右侧打左面的枝条。打枝要贴近树干，打出平滑的白眼圈。不允许逆砍和用斧背砸。

（3）造材。合理造材，节约木材，增加出材量。下锯前量好长度，看好弯曲、分杈处，按材种规格造材。

（4）集材、归楞。间伐生产中可采用人力、畜力集材；归楞时要区别树种、材种，将大小头分开整齐堆放，为检尺、装车创造方便。

（5）场地清理。抚育间伐后，对留在伐区上的枝丫、梢头、树皮及病腐木等剩余物进行及时清理，可以改善卫生状况，减免火灾发生。同时，通过伐区清理的一些措施，还可以改善土壤的物理和化学性质。清理方法可以采用利用法或腐烂法。本次实训采用利用法，运出林外加以利用是提高森林资源利用率和节约木材的重要手段，可以将其做成薪炭材、脚手架等，或采用物理化学方法进行再加工。

五、归纳总结

分别陈述实训情况，包括在工作过程中遇到了哪些问题，采取了哪些方法来解决问题。实训教师给予评价，指出优点和不足，提出改进意见。个人和小组自行评价，组长对组员进行评价，组间进行互评。

拓展知识

石油资源终将枯竭，但在可再生能源中扮演重要角色的林业生物质能源不仅无此之忧，而且其中的林业剩余物在能源领域频频释放能量尤为引人关注。在林农眼里，林业剩余物不仅是诱发森林火灾的隐患，而且处理这些废物还费时费力。但在企业家的眼里，这些废物却是可以用来发电、供热的宝贝。

2012年10月，在湖南省长沙市举办的全国林业生物质能源发展高级研讨班上，相关专家透露，我国每年约产生采伐剩余物1.09×10^8吨、木材加工剩余物4.18×10^7吨、木材制品抛弃物6×10^7吨，这些林业剩余物折合标准煤约1.05×10^8吨。

在吉林省国能公主岭生物发电有限公司院内，堆积如山的林业抚育剩余物仅用20分钟，就完成了从废物投料到能量的转换过程：林业抚育剩余物在直燃式锅炉中进行充分燃烧后，锅炉里的水被加热成蒸汽，蒸汽带动发电机等相关设备运转后即可实现电能生产。

巩固训练

根据当地实际森林资源情况选取针阔混交林或阔叶林进行林分上层抚育的练习。北方地区可以选取红松针阔混交林，南方地区可以选取杉木、马尾松等针阔混交林。

项目3 自测题

项目4

森林主伐更新

任务1　皆伐更新

任务描述

该任务分两段完成，先在教室或实训室进行理论学习，并通过多媒体课件了解森林皆伐更新作业现场工作情景和作业设计成果；然后到实训场地进行现场调查、实地操作。

任务目标

1. 理解森林采伐与更新的关系。
2. 理解森林皆伐更新的概念。
3. 熟悉确定皆伐更新林分的一般标准。
4. 掌握森林皆伐更新的种类与方法。
5. 掌握森林皆伐更新作业设计的程序，完成森林皆伐更新的设计。
6. 理解森林皆伐更新的优点与缺点。

知识准备

1.1 皆伐更新的概念

皆伐更新是将伐区上的林木在短期内一次伐完或者几乎伐完（后者指保留有母树），并于伐后采用人工更新或天然更新（母树或保留带天然下种）恢复森林的一种作业方式。

皆伐更新

皆伐更新适用于天然林中的单层林、同龄林；适用于中、小径木少的异龄林；对于人工林，除有意诱导成复层异龄林的林分外，大部分宜实行皆伐更新，特别是速生丰产林；适用于遭受自然灾害（如火烧、病虫、风折、雪折等危害）的林分；对于非目的树种占优而无培育前途的残林及林木质量低劣难以培育成材的林分，为了引进优良树种，也适用皆伐更新改造。

人工商品林和天然商品林在坡度大于25°时不得进行皆伐；未列入生态公益林但生态重要性或脆弱性为1、2级的各类商品林不得进行皆伐；生态公益林中防风固沙林和一般保护等级的防护林，可实行带（块）状皆伐，但有面积、宽度规定，对坡度大于25°的也不得进行皆伐；对人工商品林造林后由于树种选择不合理、种苗来源不适宜、立地条件不适应等因素造成的中龄林、近熟林，阶段林木蓄积连年生长量不大于4m³/hm²或林木蓄积量不大于60m³/hm²的林分，遭受火灾、病虫害和风雪等自然灾害严重危害、无复壮希望的林分，宜采用皆伐改造，但山地坡度大于25°时不得进行皆伐；对在风沙严重、土壤瘠薄、水源缺少地区的杨树低产林，宜采用带状皆伐改造；对生长在侵蚀沟、林缘及疏林空地的大面积油松低产纯林，可进行带（块）状改造；对水土流失较小的缓坡地带可实行带（块）状改造。

皆伐迹地一般采用人工更新，但在目的树种天然更新有保障的皆伐迹地，可采用天然更新或人工促进天然更新，皆伐迹地上形成的森林一般为同龄林。

皆伐具有采伐方式简单、采伐时间短、出材相对集中、便于进行机械化作业、木材生产成本较低等特点。但皆伐后环境变化剧烈，森林的防护作用在采伐后的一定时间内受到较大的削弱。

1.2 皆伐迹地的环境特点

皆伐迹地由于完全失去了原有林木的遮蔽，小气候、植物和土壤条件与林内相比均有显著变化，这些变化必将对人工更新和天然更新成败产生巨大影响。

1.2.1 迹地小气候

皆伐迹地由于太阳辐射直达地表，气温和土温都高于林内温度，尤其地表温度增高和相对湿度的降低更为显著。据东北林业大学凉水实验林场5~9月观测数据，红松林皆伐迹地地表层平均最高温度为27℃，最低为6.8℃，平均日温差为20.2℃；林内平均最高温度为21.1℃，最低为10℃，平均日温差为10.3℃。个别晴天的迹地表层温度可达43℃，而在枯枝落叶的表层，温度竟达61.5℃（为幼苗的致死温度）。迹地上（0.5m以下）的空气相对湿度比林内的降低14%左右（林内为80%~82%，迹地为66%~68%），尤其5月、6月的日平均相对湿度最大相差可达25%~30%。此外，迹地的蒸发与降水量均大于林内的，如按6、7、8、9月观测资料计算，迹地蒸发总量为226.7mm，林内蒸发总量为43.8mm，前者为后者的5倍多。风的变化，迹地明显大于林内，迹地平均风速约为林内的8倍，最大可达14~16倍。在冬季，迹地的积雪比林内的要多，但由于迹地地温回升较快，积雪融化速度也快，一般积雪覆盖期较林内的短20多天。

气候因子的变化对迹地更新幼苗成活和生长，有不利的影响也有有利的影响。不利的影响表现在：幼苗在早春提前失去积雪的保温作用，加上这一期间昼夜温差大，容易发生霜冻、冻拔和日灼危害，造成部分植株死亡；由于迹地总的受热量增高，为虫害的繁殖创造了有利条件，如调查东北林区迹地人工更新的红松、落叶松幼龄林，均有不同程度的松球蚜和松大象鼻虫危害，尤其后者危害严重。有利的影响表现在：伐后保留和人工栽植的幼树，由于光照充足、通风良好、光合作用强，可以吸收充分的养分和水分，生长量显著比在遮阴下时提高。

1.2.2 迹地植物和土壤

植物生长条件的变化直接受小气候条件的影响。森林皆伐后的最初1~2年，植被稀疏低矮，接近林下植被，处于极不稳定状态，原林下的耐阴植物逐渐被喜光植物所代替。据观察，皆伐后3~5年变化较为迅速，覆盖度和草根盘结度逐年增加；一般5年以后，呈现较为稳定的密生灌丛和草被，总盖度可达90%~100%。迹地与林内植被有显著差别。迹地上最容易滋长蔓延的灌木主要是蔷果类，占灌木总数的40%，其次是浆果类，约占总株数的30%，这些植物的种子借风力、鸟兽传播的能力极强。迹地上常见的草本植物均为喜光杂草，都具有再生力很强的横走或丛生的根状茎，根系交织盘结，地表10~15cm厚的土壤形成密网状草根层，导致迹地土壤变得干燥；在湿润条件下，水分含量会进一步提高造成水分滞积，引起地表沼泽化。伐后4~5年的旧皆伐迹地被杂草布满，会增加整地、抚育的工作量，降低人工更新成活率和保存率。

1.3 皆伐更新的种类

根据伐区面积大小，可分为大面积皆伐和小面积皆伐；根据伐区形状的不同，可分为带状皆伐和块状皆伐；根据伐区排列方式的差异，可分为间隔带状皆伐、连续带状皆伐、品字形皆伐。

1.3.1 间隔带状皆伐

间隔带状皆伐又称交互带状皆伐，是将预定要采伐的成熟林划为若干个带状伐区，在同一时期内，每隔一个伐区（或称保留带），采伐一个伐区（或称采伐带）。若干年后，当采伐带获得更新，形成新一代幼龄林时，再采伐剩余的保留带。先采伐的伐区统称为第一伐区，后采伐的伐区统称为第二伐区。当作业区位于同一条山沟，伐区配置在沟谷两侧的坡面上时，采伐带宜按坡面交错相间排列，这样可以减缓环境的剧烈变化。

在间隔带状皆伐中，采伐带与保留带等宽的称为等带间隔皆伐；不等宽的称为不等带间隔皆伐。不等带间隔皆伐是等带间隔皆伐的一种变形。

采用间隔带状皆伐，采伐带因有两面保留带天然下种、庇护幼龄林，天然更新效果较好。鉴于此，间隔带状皆伐的保留带又称作林墙，对采伐带起到保护作用。保留带采伐后，没有林墙下种和庇护，天然更新比较困难，常采用人工更新。另外，采伐带采伐后，易造成保留带风折、风倒，而在采伐保留带时，常会损伤采伐带上已经更新的幼树，这些问题需要引起注意。

1.3.2 块状皆伐

块状皆伐是我国目前应用较广泛的一种主伐方式，属于小面积皆伐，适宜山区地形复杂，坡度小于35°，以阳性树种为主的成熟林、过熟林主伐更新采用。它的伐区形状不一、面积大小不等，常根据地形条件而定，往往以一个山脊、一条山沟为界，面积大都不超过$5hm^2$。立地条件好、土壤肥沃、森林恢复快的地方，面积可稍大些，但一般不超过$10hm^2$。

采用块状皆伐时，应做好统一规划，要将同一次采伐的伐区均匀分布于规划为采伐范围的林分中，伐区间保持一定的距离。为防止水土流失和利于森林更新，每次采伐面积一般不宜超过采伐范围内森林总面积的30%，伐区排列最好成品字形。

1.3.3 连续带状皆伐

连续带状皆伐是将预定要采伐的成熟林规划成若干个伐区，每一个新伐区紧靠前一个伐区，从一端开始采伐，按顺序每次采伐一个伐区，直至全林采伐完毕。这种皆伐方式下，伐区规划简单，有利于天然更新和人工更新以及采伐和集材作业。但采伐期限过长，现在应用较少。

1.4 伐区规划技术要素

为了采伐后给森林更新创造有利条件，规划伐区时应注意以下伐区规划技术要素。

1.4.1 伐区形状

伐区形状与森林更新、水土保持和维持森林环境有密切的关系，所以在规划伐区形状时必须综合考虑这三方面的因素。如长方形伐区较正方形伐区有利于森林更新后对幼苗、幼树的庇护，有利于伐区中心获得种子，森林环境变化也较缓和，水土保持效果也较好等。但也要注意长方形伐区的宽度，因为当伐区进行天然更新时，种子飞散的远近和伐区宽度会影响森林更新。一般伐区宽度常为25~100m，以保证种子顺利均匀散播在全伐区。而在地形复杂或成熟林分呈镶嵌分布的山地，须依地形和成熟林分的状况而定。

1.4.2 伐区面积

皆伐面积的大小，关系到森林采伐后森林更新的成败。采伐面积过大，环境变化剧烈，如阳光由散射变为直射、温度变幅增加、风速加大、土壤性质恶化等，常使迹地上种子的发芽、幼苗和幼树的生长发育受到阻碍，影响森林更新。反之，气候和土壤等条件变化较小，利于种子发芽、幼苗和幼树成长，利于森林更新。

我国行业标准《森林采伐作业规程》（LY/T 1646—2005）对皆伐面积做了严格的规定，如表4-1所示。各地森林资源和立地条件不一样，可结合本地情况，规定适合本地区的采伐面积。

表4-1 皆伐面积限度

坡度/（°）	≤5	6~15	16~25	26~35	>35
皆伐面积限度/hm²	≤30	≤20	≤10	≤5（南方）北方不采伐	不采伐

1.4.3 伐区方向

伐区方向是指伐区长边的方向。在平缓林区，伐区方向应与种子散落期主风方向垂直，这样一是为了自然下种，二是为了减少风害；在山区，伐区方向一般应平行于等高线，以减少地表径流，这样的伐区俗称横山带；在坡度较小、坡长较短的丘陵山地，为了便于采伐作业，也可考虑垂直于等高线设置，这样的伐区俗称顺山带；为了既便于采伐作业，又避免造成严重的水土流失，也可将伐区方向规划成与等高线成一定的交角，这样的伐区称为斜山带；在河流旁、道路旁的林区，伐区方向应垂直于河岸和道路，以减少因采伐对森林护路、护岸作用的破坏，有时还要留出护路护岸的保留带。

伐区方向还会影响到伐区的气温、土温和湿度状况。如东西向伐区，南北边缘的温度、湿度状况不一样，南北边缘的融雪早晚不一样，早晚霜危害不一样，这些都会影响到更新效果与幼树的生长，设计伐区方向时应予考虑。

1.4.4 采伐方向

采伐方向是指伐区采伐的先后顺序指向，采伐方向与伐区方向互相垂直。为了使伐区获得充分的种子和避免幼苗、幼树受强风危害，通常伐区方向应与种子飞散期主风方向垂直，采伐方向与种子飞散期的主风方向相反。

1.4.5 邻接伐区采伐间隔期

邻接伐区采伐间隔期是指两个直接相连的伐区采伐需要间隔的年限，又称采伐间隔期。确定采伐间隔期必须考虑森林更新。一般是采伐完一个伐区后，需要间隔一定的年限，当伐区上的幼树比较稳定、森林更新有保障时，才能采伐与之邻接的伐区。如果采用天然下种更新，采伐间隔期一般不少于2个种子年；更新困难的地区和树种，需要更长时间，但一般不能超过一个龄级期。人工更新时，不需要考虑种子供应，但要考虑栽植苗木需要林墙庇护的程度和水土流失的危险性，从而决定间隔年限。

1.5 皆伐迹地更新

1.5.1 天然更新

皆伐迹地天然更新就是依靠天然种源形成森林，俗称飞籽成林。

（1）天然更新的种源。皆伐更新的采伐迹地上天然更新的种子来源主要有以下3个。

①来自邻近伐区：这一来源的种子主要靠风传播到整个伐区。一般靠近林墙的地方种子数量多，越向伐区中心数量越少。更新幼苗也是离林墙越近越密，越远越稀。落叶松、樟子松及其他种子有一定传播能力的树种均适用天然更新。

②来自采伐木：当采伐作业在种子年的种子成熟期时，采伐时大量种子从树上脱落，可起到天然下种作用。这种方法适用于各种喜光树种，更新幼苗一般比较均匀一致。

③来自地被物：森林土壤和枯枝落叶层中经常储存大量的种子，有些种子能在地被植物内保存数年仍不失发芽力。如红松种子可在枯枝落叶层内保留2~3年，甚至更长时间，而不失发芽能力。当成熟林木采伐后，这些种子在合适环境条件下，很容易萌发长成新一代树木。

（2）保证更新成功的措施。皆伐后要实现良好的天然更新，除了需要有天然更新的种源外，还需要有适于种子萌发与幼苗生长的林地和适宜的气候条件，三者缺一，天然更新都将失败。为了保证天然更新的顺利良好实现，可采取一定的人工措施加以促进，常用的措施主要有以下几种。

①保留母树：皆伐迹地有充分的种子来源是保证更新能够成功的一个重要条件。皆伐时保留母树是解决伐区种源、使种子均匀散布在迹地上的有效措施。如果天然更新的种源不能保证伐区有足够的种子，就应在伐区上均匀地保留单株或群状母树。母树选择的条件为：抗风力强；具有丰富的结实能力；干形、冠形优良，发育良好，无病虫害；优先保留稀有、珍贵树种。保留母树的数量，最好通过对过去已留母树效果的实际调查研究确定。如对落叶松来说，相关研究认为落叶松母树保留每公顷要有8~10株，且分布均匀；树冠较小或分布不匀时，则要15~20株；如果留群状母树（每群3株左右），可留3~5群。当下种任务完成后，保留的母树应及时伐除，且越早越好，一般是经过1~2个种子年即可伐除。

②采伐迹地清理和整地：森林采伐、集材后，堆积着大量的采伐剩余物，加上灌丛、杂草都是更新的障碍，所以及时清理非常重要。此外，林地还覆盖着较厚的枯枝落

叶层，同样也阻碍着更新的顺利进行。因为种子散落在地被物的空隙中虽然可以发芽，但由于死地被物的阻碍，幼根很难深入土壤层，往往造成幼芽未及时成苗就大量死亡，所以要在更新前进行整地。促进更新采用整地的办法通常有两种：一是人力或机械整地，可在种子产量不低于中等产量年份的夏末或秋季进行，通常能取得良好的效果；二是火烧整地，仅在采伐迹地上进行，但火烧整地如技术不当或控制不严，会导致严重后果，必须经小范围试验取得成功后，方可推广。

③保留伐前更新幼树：成熟林的林冠下常有较多的幼树。成熟林木采伐后，幼树得到充足光照，生长加快，可保证天然更新获得成功，且可大大缩短森林培育期。大兴安岭地区把这种皆伐上层林木、保留伐前更新幼树获得更新的方法称为保幼皆伐法。

④补植与补播：当天然更新效果不理想，单位面积上的幼树株数太少或分布不均时，应采用人工促进天然更新措施，及时进行补植与补播，使之达到更新要求的密度，促使尽快郁闭成林。

1.5.2 人工更新

人工更新是皆伐迹地恢复森林的主要措施，适用于树种天然更新能力弱或林分需要更换树种而进行采伐更新的林分。它同天然更新相比具有节省种苗、造林成活率高、成林快、幼龄林质量好、便于管理、易达到经营要求、便于引进优良树种但需要更多劳力和资金等优缺点。随着森林经营强度的提高，人工更新会更多地被应用。

人工更新常采用的方法有：植苗更新和直播更新。直播更新在技术上尚存在一定的问题，所以人工更新通常采用植苗更新。

人工更新是一项比较困难和复杂的工作，如果技术不当，常导致更新失败。关键是要按照立地条件和树种特性，选择适宜的树种，做到适地适树、良种壮苗，保证幼龄林质量，同时严格遵循相关操作技术规程，注意栽植技术，及时抚育管护。

保障人工更新成功的措施主要有以下几种。

（1）充分利用新迹地杂草、灌丛较少和土壤疏松的条件，及时进行人工更新，最好当年采伐当年更新，最迟应在第二年完成更新。

（2）把握好更新季节。北方林区绝大部分地区适于春季更新，且宜早不宜迟。因为北方地区春季气温回升快，苗木放芽迅速，需水量增长快，要尽快在解冻时的最短期内更新，做到顶浆栽植（即当土壤化冻到15~20cm时栽植），稍一拖延就会降低成活率。南方林区基本不受季节限制，但也要考虑温度、降水等气象条件，如在降水前栽植成活率一般比较高。

（3）整地。先阳坡后阴坡；先栽萌动早的树种，后栽萌动晚的树种；先小苗后大苗的顺序进行栽植。

（4）注意培植针阔混交林。纯林容易发生病虫害；用块状或带状混交、多种树种成块或成带混植可提高森林抗病虫害能力，还能出产多样木材，且能为多种野生动物提供栖息条件。

1.6 皆伐更新的选用条件

（1）皆伐最适用于全部由喜光树种组成的成熟、过熟同龄林，如樟子松林、落叶松林、油松林等都可以选用皆伐。

（2）由耐阴树种组成的林分，在保留伐前更新幼树的前提下，可采用皆伐方式，皆伐后也能获得良好的天然更新。

（3）预定进行人工更新的林分、拟更换树种的林分或准备利用萌芽更新和根蘖更新的林分，均可采用皆伐。

（4）不适合沼泽水湿地的林分以及水位较高、土壤排水不良的林分。因为这些林分原有林木的生存和生长可以蒸腾大量的水分，皆伐后蒸腾量大大减少，土壤会变得更湿，造成天然更新、人工更新都很困难。

（5）山地陡坡、容易引起土壤冲刷或处在崩塌危险地段的林分，严禁皆伐；为了保护山区的生物资源，珍稀鸟兽经常栖居的地方，禁止皆伐。

（6）铁路和公路干线两侧森林火灾危险性大的地域，不宜选用皆伐，应建立一个异龄林保护带，避免因皆伐带来大量易燃的采伐剩余物。

（7）水源涵养林、水土保持林、护岸林、护路林以及其他具有重要防护意义的林分，不应采用皆伐。

1.7 皆伐更新评价

1.7.1 优点

（1）皆伐作业在时间和空间上都很集中，适于机械化作业，节省人力、财力，降低生产成本。

（2）皆伐是一次性将伐区上的林木伐光，不需要像渐伐和择伐那样进行选择采伐木和确定采伐强度等复杂的工作，是三种主伐更新方式中最简便易行的一种，并且伐木、集材、运材比较便利，不会损伤幼树。

（3）皆伐更新期短，在多数情况下形成同龄林，且林相比较整齐，树木干形圆满，木材的材质较高。

（4）皆伐改变了迹地光照条件，有利于休眠芽萌发和不定芽形成，宜于进行萌芽和根蘗更新。

（5）皆伐便于林分改造和引进新树种。北方的落叶松人工林等宜采用皆伐方法，伐后可更换新品种。

（6）速生丰产林普遍适宜采用皆伐更新。

1.7.2 缺点

（1）皆伐后迹地小气候条件发生显著变化，尤其是温度变幅增大，增加了幼苗、幼树遭受日灼和霜冻危害的可能性。

（2）不利于水土保持，伐后会降低林分水源涵养能力。

（3）皆伐成林后龄级单调，从风景美化角度看，比其他采伐方式显得逊色。

（4）不适于由耐阴树种组成的异龄混交林。

（5）一次将林木伐尽或几乎伐尽，干扰了森林群落的生态平衡，影响了野生动物的栖息和野生植物的繁衍，不利于生物多样性保护。

实训情境

1. 实训内容

在教室、实训室、实训场所（林场、民营林区等成熟的用材林作业区）进行皆伐更新。

2. 实训工具材料

以组为单位配备罗盘仪、测高器、皮尺、花杆、视距尺、围尺、钢卷尺、角规、指南针、手锯（或油锯）、砍刀、三角板、绘图直尺、量角器、锄头、土壤刀、工具包、计算器、计算机、讲义夹、文具盒、铅笔、刀片、透明方格纸、斧头、绳索等，并收集相关资料。

3. 实训场景

在教室或实训室进行任务描述和相关理论知识学习，通过多媒体演示辅助学习；到实训场所选择成熟林面积在$9hm^2$以上的林分（能容纳40~50人活动），按4~5人一组，以小组为单位在实训教师和技术人员的指导下进行动手操作，如选定调查区域、确定调查方法、分工合作等；在实训室进行内业计算和设计，提交皆伐更新作业设计成果；由指导教师对各项任务进行评价和总结。

● 任务实施

一、皆伐伐区宽度、伐区方向、采伐方向的确定

1. 实施过程

第一步：观察地形，确定皆伐类型。地形平坦、整齐或坡度平缓的林分，宜采用带状皆伐；地形不整齐或不同年龄林分成片状混交的林分，宜采用块状皆伐。将确定结果填入森林主伐更新设计表中。

第二步：确定更新类型。如果林分的主要树种是适地适树的优良树种，可确定采用天然下种更新；如果需要更换树种，可确定采用人工更新。

第三步：测成熟树木平均高，采集树种并观察检验种子的飞行能力。如种子小而轻且具飞行构造，成熟树木较高，带状皆伐伐区宽度可设计为50～100m，块状皆伐伐区的面积可适当大些；如种子较大或无飞行构造，成熟树木较低，带状皆伐伐区宽度可设计为25～50m，块状皆伐伐区面积可适当小些。另外，设计伐区宽度时要考虑伐区面积因素。我国采用的皆伐，伐区面积一般不超过$5hm^2$。将伐区宽度、长度、面积填入森林主伐更新设计表中。

第四步：用指南针判定方向，调查当地种子飞散期主风方向，设计带状皆伐伐区方向与采伐方向。为了使伐区能获得充分的种子以及避免幼苗、幼树受风的危害，伐区方向应与采伐方向互相垂直，并且采伐方向与主风方向相反。将该设计标在林地地形图上并填入森林主伐更新设计表中。

第五步：设计带状皆伐伐区方向与采伐方向时，还应参考当地自然条件等，权衡利益关系与利益程度进行适当调整。当旱风侵袭成为森林更新的障碍时，则伐区方向应与旱风方向垂直，且采伐方向与害风方向相反；如该地经常干旱，为了使伐区免受强烈日光的照射，伐区方向可为东西向，采伐方向则自北向南；在冷湿地区，为使伐区尽可能多地接受阳光，伐区方向可为南北向；在山区，可根据水土保持、利于采伐作业、利于种子散播等多方面的要求，将伐区分别设计为横山带、顺山带、斜山带；为便于采伐作业，伐区方向可考虑与林道相垂直，这样既方便搬运木材，且搬运木材时不必通过其他林地或已更新的幼龄林林地，既可保护林地和幼树，又可提高效益。将调整情况填入森林主伐更新设计表中。

归纳总结：实习时要边观察、边测量、边讨论、边记录。

2. 成果提交

提交一份皆伐伐区宽度、伐区方向、采伐方向的设计方案，要求技术要点清晰，理

论依据准确，图文并茂。

二、伐区木材生产作业现场参观和伐木操作

1. 实施过程

第一步：在参观实习之前，观看有关伐区木材生产的视频，对木材生产的整个过程形成初步的感性认识。

第二步：掌握伐木机械及工具的构造、性能和使用方法。

（1）油锯。由技术人员实物讲解油锯的发动机、传动装置、切削机构、锯架、锯把手等部件的位置、形状、性能和作用。

操作方法：起动油锯，使发动机空转1~2min，并将油锯上的齿形支座紧靠树干，使转动的锯链接触树干。当锯导板锯入树干后，施加推进力，加大油门，进行杀锯；当锯导板在锯口内前后移动时，应将油门收小；而当锯齿的惯性力尚未消失应当再切削木材时，又须加大油门。伐木完毕后，完全放开油门操纵杆，拉动化油器上的加浓杆按钮，直拉到发动机停止工作为止，关上油栓。

（2）伐木斧。伐木斧常用于中、小径木的采伐。

第三步：掌握伐木的基本技术，动手采伐。

（1）伐前，清除被伐树周围1~2m以内的灌木、杂草和藤条，并在树倒方向的左侧和右侧后方45°角处开出两条安全道。

（2）根据设计的集材方式决定伐木顺序。

（3）正确判断树的自然倒向和选择正确的控制倒向。

观察待伐树木的自然倒向：首先应根据树木的生长形态和地势判断自然倒向，可按直立树、倾斜树和弯曲树3种类型进行判断。判断时，除那些较明显的倾斜树外，在平缓坡要背靠树干，昂头向上，围绕待伐树木转一圈，观察树冠，正确判断自然倒向。

按生产要求确定控制倒向：从有利于提高劳动生产率，有利于保证生产、减少木材损伤，有利于打枝、集材等生产工序的顺利进行，有利于森林更新等角度出发，确定控制倒向。

（4）掌握锯下楂、挂耳子、锯上楂、加楔和留弦等基本伐木环节的做法。在具体伐木时，上述步骤不一定都采用，若确定被采伐木没有劈裂危险，则不需要挂耳子。在使用油锯进行伐木时，除一般按锯下楂、挂耳子、锯上楂、加楔、留弦等几个步骤进行外，还要正确掌握下面几项基本操作要领。

①下锯开楂要正：锯下楂口时要对正要求树倒的方向，里口要拉齐，下楂的深度和

高度要适当。

②两手端锯要平：一要做到开锯口时，锯导板和树干垂直；二要做到两手端平，左手提锯，右手给油，左腿站稳向后蹬，右腿使劲顶住锯；三要注意目视差，做到实际端平；四要注意大树发生火锯或坐殿（不起身）现象。

③留弦的位置大小要准：留弦是指正确控制树倒方向，树要向哪边倒，哪边留弦就要多。

④树心留弦要小：树木的边材强度大，拉力大，留弦都留在两边，树心留的越小越好，但不能不留；特别是中、小径树，要防止折断锯导板。

⑤切削要稳：操纵油锯要平稳切削，逐渐增加负荷量。在树快要起身时，要紧掏几下加快切削，注意留弦，防止劈裂打绊子。如果树是顺山倒，要快削两侧的留弦；如果往左借向，要削好右弦；如果往右借向，要削好左弦。

⑥控制油门技巧：操纵油锯时掌握油门要灵活，该大要大，该小要小，不能总是一样大，要和切削密切配合好。开始下锯时要用小油门，锯导板进入树干后要加大油门，全负荷快进锯用波浪式的大油门，半负荷或要抽锯时用中小油门，树起身叫楂时立即减速恢复小油门，防止给油不均匀造成切削偏向、留弦不准，发生意外。

（5）降低伐根。伐根高度≤伐根直径的1/3。

（6）保护幼树。确定树倒方向时应避免砸伤幼树。

（7）安全技术要求。开辟安全道等，避免树倒时砸伤伐木人。

第四步：掌握安全技术要求。

（1）做到合理造材、量尺造材、材尽其用，以提高造材出材率和木材售价。

（2）按划线下锯，不准躲包让节，使锯口与木材轴线垂直。

（3）学会对不同特点的原条（如正常健全、多节、腐朽、虫眼、裂纹、干形缺陷等原条）采用不同的造材方法。

（4）掌握现行的国家规定的木材标准。

第五步：参观集材作业。

第六步：参观装车作业，掌握装车基本技术。

（1）要求满载、快装和载量平衡（车辆的前后左右负荷平衡，故须大小头颠倒装车），但不能超载、超高、超长和偏载。

（2）原条装车时，应将粗、直、长的装在下面，将细、弯、短的装在上面，短件可包在中间，用绳索捆好。

（3）必须装一楞、净一楞，不准留楞底子。

归纳总结：选择正在进行伐区木材生产作业的具有较先进设备的伐木场进行参观，由该场技术人员现场演示并讲解，进行实际操作练习，了解和掌握伐区生产工艺流程，并了解各项作业机械与工具的性能、使用方法和主要技术措施。

注意事项如下。

（1）进入伐区前要戴好安全帽，伐木开始之前，要清理场地，打好安全道。

（2）严格遵守伐木安全技术规程，保证安全作业。为防止出现意外，可以用绳索拴住树干上边控制倒向。

（3）伐木时应遵循伐木基本原则。

2. 成果提交

提交一份实训报告，要求结合参观所见，根据所学知识，叙述伐区采伐作业（包括伐木、打枝、造材）、集材作业和装车作业应遵循的原则以及技术要求和安全措施，简述参观实习场所的伐区木材生产工艺流程，并对该场各个生产工序的组织和安排是否科学合理做出客观评价。

三、皆伐更新作业设计

1. 实施过程

第一步：准备工作。

（1）业务培训、人员组织。根据学生业务水平和身体素质，合理调配实训小组人员组成，每组4~5人，选出1人任小组长，组内人员进行合理分工，制订工作计划。每班配备1~2名实训指导教师，进行实训动员和业务培训。

（2）资料收集。调查前应以组为单位收集各类资料：1：10000的地形图（森林资源调查成果地形图）、林业基本图、林相图、森林分布图、山林定权图册、伐区采伐规划图、森林总采伐量计划指标、年度资源消耗计划、伐区森林资源调查簿、森林资源建档变化登记表、森林采伐规划一览表、伐区调查设计记录用表、测树数表（二元材积表、角规断面积速见表、立木材种出材率表）、采伐作业定额参考表；各项工资标准、森林采伐作业规程等有关技术规程和管理办法等；作业区的气象、水文、土壤、植被等资料；作业区的劳力、土地、人口居民分布、交通运输情况、农林业生产情况等资料。

（3）准备主伐作业设计内外业用表。以组为单位准备罗盘仪导线测量记录表、土壤调查记录表、植被调查记录表、全林标准带每木调查记录表、树高测定记录表等作业调查记录表；以个人为单位准备标准地（带）调查计算过渡表、伐区调查设计书、皆伐伐区调查设计汇总表、伐区调查每木检尺登记表、林木每公顷蓄积量和出材量统计表、采伐林分变化情况表、准备作业工程设计卡、小组调查和工艺（作业）设计卡等计算、设计表。

（4）选择主伐实验林。选择集中或分散的皆伐更新成熟林，面积在9hm²以上（能容纳40~50人活动），每个小组负责1~3个小班的伐区调查和设计。

第二步：伐区调查外业工作。

（1）现场调查。首先对所调查的伐区进行现场踏查，根据实习地区已有的地形图或林相图，将伐区的境界初步地勾绘出来，明确伐区范围、边界；核对林况、地况和森林资源，初步明确作业区、楞场、工棚、房舍等位置以及集材与运材路线，制定实施采伐作业设计技术方案和工作计划。

①伐区形状：观察作业地点的伐区形状，确定该作业区属于块状皆伐还是带状皆伐。

②伐区方向和采伐方向：通过查询气象资料或访问群众，了解当地的主风方向；分析该地的伐区方向和采伐方向的设置是否有利于森林更新、水土保持和采伐作业。

③邻近伐区采伐间隔期：访问林场技术干部，了解预先规划的采伐间隔期，判断设计的合理性。

④伐区排列方式：通过访问技术干部，了解该林场计划实施皆伐作业的地域、该伐区的配置及采伐顺序作间隔排列还是作连续排列，并分析这两种排列方式的利弊和实施要点。

（2）伐区区划。伐区实行林班—小班—作业小班三级区划，国有林场也可实行林班—经营班—小班—作业小班四级区划，林班、经营班、小班区划要与原森林资源规划设计调查所区划的相同。原森林资源规划设计调查小班不能满足采伐设计要求的，要实地重新区划作业小班，以作业小班为单位进行伐区调查设计。小班面积一般以6~8hm²为宜，原则上不能超过20hm²。

（3）伐区界线标志。伐区周界应做明显标志，可将伐区周界内侧若干行采伐木涂写油漆或在周界上打标桩等。当伐区周界恰好为明显的地形地物线时，经注明清楚后可不另作标记。确定伐区界线转折点，选择界外最近的3株树作为定位树进行刮皮、编号、画胸高线，并记录定位树的编号、树种、胸径、转折点号以及定位树与转折点的相对位置。

（4）伐区面积调查。可采用罗盘仪实测或地形图实地调绘的方法，有条件的可采用GPS进行测量。

①罗面较大且坡度一致：在通视条件较好的地区，可采用折线测量的方法，沿道路

等可通视的线路，用GPS平台绘制小班图形和计算小班面积。

②1∶10000地形图调绘：实地调绘小班范围，若小班界线与最近的森林资源规划设计一致，则无须重新勾绘；若小班界线与规划设计存在较大偏差，则应重新勾绘。小班面积求算可采用求积仪法，符合精度要求后，可取2次测量的平均值，否则应再次量算。

③GPS绕测法：适用地形比较开阔、卫星信号较强、沿小班界线可以通行的小班。进行面积调查时，采用手持GPS，打开面积测算模块，沿小班周界绕走一圈即可得到小班面积；或者测定小班界线的拐点处经纬度值，以各拐点经纬度为坐标，通过计算机即可准确勾绘小班界线和计算其面积。

（5）小班蓄积量调查。蓄积量调查以作业小班为单位。

①全林调查法：适用于面积较小和林相变化大的作业小班，即对小班内所有的采伐木，测定每株树木的胸径、材质等级，按径阶进行记录统计，并进行汇总，计算小班蓄积量。每木检尺按林层、树种和径阶分别进行，不能重测或漏测，因此必须按一定的顺序进行。一般采用之字形从左记录在伐区调查每木检尺登记表中。测量胸径小于20cm的树木，其测定误差不大于0.5cm。胸径单位为厘米，小数点后保留1位。树高测量，每个径阶选测1~3株。树高测量误差应不大于5%，每个小班树高测定误差超出允许误差的株数不能大于树高测量树木总株数的5%。树高单位为米，小数点后保留1位。

②标准地调查法：适用于林木分布均匀、林相整齐、面积较大的同龄林。当林相变化不大时，标准地可设置为面积不小于400m^2的块状标准地。块状标准地应按小班均匀设置在各典型地段；当林相变化较大时，标准地可设置为带宽不小于6m、长度不小于70m的带状标准地。主伐调查的标准地面积要求：天然林面积不小于小班面积的5%，人工林面积不小于小班面积的3%。

③标准地测量：一般采用罗盘仪定向测量角度，用皮尺或测绳量距。坡度大于5°时，应将斜距改算成水平距。标准地周界测量闭合差不大于0.005。标准地设置应考虑样带经过该小班的代表性地段，一般宜从下坡向上坡呈对角线向上延伸，采用罗盘仪定向，测绳（或皮尺）量距，以测绳为中线，两侧各3~5m宽，边界不用伐开，用尺杆控制宽度即可，但标准地的起点和终点要设立标记，便于查找。

④标准地的调查：对于皆伐作业的小班，在标准地内，按照全林调查方法，对标准地内的林木每木检尺，按径阶、材质等级分类登记，测定各径阶平均高。按二元立木材积表和出材率计算标准地蓄积量和出材量，以推算小班蓄积量及出材量。

（6）其他因子调查。

①天然更新调查：在森林蓄积量调查的同时，调查森林采伐前天然幼苗和幼树情况。进行森林更新调查时，设置样方进行调查，分幼苗、幼树计数，统计后按天然更新等级评定标准评定更新等级，作为设计更新措施的依据。

②伐区剩余物调查：可在调查林木蓄积量时，选取样木进行实地造材，以测算各种剩余物的数量。条件不允许的地区，可以借用条件相似的其他单位的有关数据进行推算。

③林况其他因子调查：与蓄积量调查一并进行。伐区林况因子调查包括林分类型、起源、林层、树种组成、林龄或龄组、平均直径、平均树高、郁闭度、树冠幅、蓄积量、出材量、生长量等项目，其中各项林况因子调查的方法，除有明确要求外，其余均参照森林资源规划设计调查方法。

（7）伐区现场照相。拍摄伐区整体林分现状照片2~3张和标准地照片2~3张（全林调查时为伐区内部林分现状照片）。

第三步：伐区调查内业工作。

（1）计算小班面积。

（2）计算标准地和小班平均胸径。

①标准地平均胸径：以每木检尺的结果为基础，计算方法有径阶加权法和断面积法两种。径阶加权法是将测量得到的各径阶值与株数的乘积相加，用总株数来除，所得商数即为平均胸径；断面积法是根据每木检尺得到的株数和断面积，计算出检尺木的平均断面积，再根据断面积推算树木直径。在实际工作中，常采用断面积法进行计算。

②小班平均胸径：将所有标准地按径阶、株数整理后用断面积法计算。

（3）计算平均树高。根据每木检尺调查表，以实测的各径阶平均高和平均胸径，采用手描法或通过建立数学模型绘制树高-胸径曲线图，然后从曲线图上查取各径阶树高和标准地平均树高。

（4）计算采伐量。全林实测法指按各树种径阶和径阶平均树高，通过查各省（自治区、直辖市）的二元立木材积表得各树种径阶单株材积，然后计算小班总蓄积量和采伐蓄积量。各作业小班一般按下列图式标记：小班号—树种—林龄/面积—蓄积量—出材量。不同作业的小班要用不同的颜色表示。此外，图中还必须标明集运材线路的分布以及其他作业设计位置。

第四步：皆伐更新设计。

（1）确定主伐地点和配置主伐顺序。

（2）确定主伐方式。确定采用皆伐时，应设计采伐方向、伐区宽度、伐区面积、间隔距离、采伐相邻伐区的间隔时间、集材方式、保留母树和保护幼树以及清理伐区的要求。皆伐一般采用块状皆伐，采伐年龄执行《森林资源规划设计调查技术规程》（GB/T 26424—2010）。

（3）采伐年龄设计。按照行业标准《森林采伐作业规程》（LY/T 1646—2005），以合理利用森林资源为目的，视培育目的材种、立地类型、林分生长状况等因素，分别按树种、起源确定主伐年龄，未经批准不准随意修改。幼树天然更新评定标准见表4-2。主要树种更新采伐年龄见表4-3。

表4-2 幼树天然更新评定标准

等级	树高				频度/%
	≤30cm	31~50cm	≥51cm	不分树高组	
良好	≥5001	≥3001	≥2501	≥4001	≥80
中等	3001~5000	1001~3000	501~2500	2001~4000	51~79
不良	<3000	<1000	<500	<2000	≤50

表4-3 主要树种更新采伐年龄

树种	地区	起源	更新采伐树龄/年	树种	地区	起源	更新采伐树龄/年
红松、云杉、铁杉	北方	天然	161	杨、桉、泡桐、木麻黄、枫杨、槐、白桦、山杨	北方	天然	61
		人工	121			人工	31
	南方	天然	121		南方	天然	26
		人工	101			人工	
落叶松、冷杉、樟子松	北方	天然	141	桦、榆、木荷、枫香	北方	天然	81
		人工	61			人工	61
	南方	天然	121		南方	天然	71
		人工	61			人工	51
杉木、柳杉、水杉	南方	人工	36	毛竹	南方	人工	7

（4）采伐强度设计。皆伐采伐强度为100%。

（5）材种出材量设计。

①材种出材量按规格分：

a. 规格材：指小头去皮直径14cm以上，长度2m以上。

b. 小径材：指小头去皮直径6~14cm，长度2m以上。

c. 短小材：指小头去皮直径14cm以上，长度不足2m；或小头去皮直径4cm以上，长度1m以上。

②材种出材量按用途分：

a. 商品材：指作为商品流通的木材或国有木材生产单位自用材。

b. 自用材（含培植业用材）：指农民自己生产自己使用，未经过市场流通的木材。

c. 薪炭材：指生活或生产的烧柴和木炭所消耗的木材。

各种树干规格材、小径材、短小材的出材率，根据平均胸径、平均树高，查各省（自治区、直辖区）的立木树干材种出材率表。规格材中原木、等外材出材率比例，根据当地每年木材生产统计的实际情况确定。全林分每木调查法和方形标准地、标准带调查法，以径阶为基础计算材种出材量。不计蓄积量的枝丫条非规格材出材量，以伐区为单位计算。

（6）采伐工艺设计。要求做到定向伐木，保证安全，保护好母树、幼树、保留林分及珍稀树种，严格控制伐桩高度，树木伐桩高不得超过10cm。

（7）选定集材方式。根据采伐单位生产技术水平和伐区实际特点选择适宜的集材方式，用一种集材方式不能完成集材作业时，可设计几种集材方式，进行接力式集材。集材方式包括绞盘机、索道、拖拉机、板车、滑道、畜力、人力集材等。

①集运材线路选设：应依据区内的地形、地势、交通条件和现有集运设备以及当地集运材方式，选择集运材线路。选设线路时，应充分利用原有林道和林区公路干支线，力求线路少，集运距离短，集运量大，工程量小，易于施工，线路安全，经济实用。

②集材道布局：宜上坡集材；远离河道、陡峭和不稳定地区；应避开禁伐区和缓冲区；应简易、低价，宜恢复林地；不应在山坡上修建造成水土流失的滑道。集材主道最大坡度为25°，集材支道最大坡度为45°。

（8）楞场（集材点）设计。在伐区面积较大、运输距离较长等情况下，可设楞场。一般根据木材产量和运输条件来确定山场集材和中间集材点，但应满足以下条件：地势要平坦，排水良好并与集运材线路相连；楞场面积应与作业区出材量相适应，应尽可能缩短集材距离，并避免逆坡集材。

（9）工棚、生产组织、清林方式、伐区生产工艺设计。

①工棚、房舍设计：应尽量利用作业区内或附近房屋。如需修建则应考虑以下条件：选择交通方便、靠近水源、干燥通风、生产与生活均方便的地方。

②生产组织设计：包括工序安排、生产设备、劳动组织和人员配备、伐区生产季节设计。

③清林方式设计：应在采伐作业后及时进行采伐迹地、楞场和装车场、临时性生活区、集材道、水道等的清理工作。

④伐区生产工艺设计：伐区生产按伐木、打枝、造材、集材、归楞、装车、原木检尺与分级、清林工艺流程进行。

（10）森林更新设计。执行行业标准《森林采伐作业规程》（LY/T 1646—2005）和《造林技术规程》（GB/T 15776—2016）进行森林更新设计。科学确定更新方式、更新树种、造林密度、造林类型等。

①确定更新顺序、更新方式及比重：皆伐的林地视伐区更新调查的幼苗、幼树状况而具体确定。林地均匀分布目的幼树，每公顷3000株以上，采伐后未炼山，能保证更新成功的，可采用天然更新；林地均匀分布目的幼树，每公顷1500株以上，或在疏林地采伐迹地上，每公顷生长有健壮的目的幼树1200株以上，分布均匀，通过抚育等人为措施有希望成林的，可采用人工促进天然更新；达不到人工促进天然更新的，可采用人工更新。

②确定更新树种：根据国民经济发展和社会生态效益等需要，结合立地环境条件设计适宜的树种。

③造林密度和造林类型设计：造林密度设计的原则是，用材林在造林后较短时间内可以郁闭成林。根据立地条件、经营目的，进行合适的造林类型设计。

④按不同更新方式确定主要技术措施：当采取人工更新方式时，应设计造林树种比重、整地时间、方式和规格、造林密度、配置及株行距、造林方法和季节、幼龄林抚育管理措施、种苗需要量和工作量等。当采取人工促进天然更新方式时，应设计人工促进更新的措施（如松土、除草、割灌、补播、补植等）、抚育管理、种苗需要量和工作量、种或萌芽的抚育措施等；确定人工更新的更新年限，计算平均年度更新工作量；确定更新的劳动组织、机械类型和数量；计算投资和单位成本。

第五步：编制森林皆伐更新作业设计成果。

（1）编写皆伐伐区调查设计说明书。说明书的主要内容包括：前言（介绍采伐小班位置、调查设计内容、调查依据、伐区概况、调查设计要点、调查内容、调查设计方式、伐区生产工艺设计）、更新设计、采伐效益估算、对施工单位的要求等。

（2）皆伐伐区调查设计表。填写皆伐伐区调查设计表，包括皆伐伐区调查设计汇总表、伐区调查每木检尺登记表、林木每公顷蓄积量和出材量统计表、人工更新一览表、人工促进天然更新一览表、种苗需要量表等。

（3）皆伐伐区调查设计相关材料。设计说明书中应附皆伐伐区调查设计相关材料，包括林木所有权证明、伐区界线确认书以及县级人民政府或县级林业行政主管部门规定的其他材料。

（4）皆伐伐区调查设计附图。皆伐伐区调查设计附图包括皆伐伐区在县域内的位置示意图；皆伐伐区调查设计图，应标明伐区位置、四至界线，用表格形式标注林班号、小班号、采伐树种、林龄、采伐面积、采伐蓄积量、出材量等内容。采用罗盘仪实测面积的，用大于1∶5000比例尺的底图；采用1∶10000比例尺地形图调绘面积的，要将有关部分描绘或剪接成图；采用GPS测定面积的，要在大于1∶10000比例尺的地形图上绘制伐区调查设计图；伐区现状图（伐区现场照片），包括伐区整体林分现状照片2~3张，标准地照片2~3张（全林调查时为伐区内部林分现状照片）。

归纳总结：认真按照技术标准和调查方法规定，对调查设计说明书及图表进行认真计算、记载和核校，消除差、错、漏项。

2. 成果提交

提交一份完整的森林皆伐更新作业设计成果，要求包括标准地调查材料、作业设计表、图面材料、附件和设计说明书等部分，文字、表、图清楚，装订顺序符合规范要求。部分表格参照表4-4至表4-7。

表4-4 罗盘仪导线测量记录

林班号：_____ 小班号：_____ ____年__月__日

测站	测点	前视方位角/(°)	后视方位角/(°)	平均方位角/(°)	倾斜角/(°)	距离/m			备注
						斜距	水平距	平均距离	

观测者：_____ 量距者：_____ 记录者：_____

表4-5 标准地测量记录

标准地号			标准地面积	
标准地所在地				
标准地测量记录				
测站	方位角/(°)	倾斜角/(°)	斜距/m	水平距/m
闭合差			精度	
标准地草图 北 ↑				

调查者：_____ 检查者：_____ _____年___月___日

表4-6 林分因子调查记录

林分因子	剖面号：_____ 地类：_____ 剖面位置：_____ 部位及特征：_____ 群丛名称：_____ 总覆盖度：_____ 土壤名称：_____ 土层厚度：_____ 母质母岩：_____ 土层厚度：_____									
	土壤剖面形态记录									
	层次	深度	湿度	颜色	质地	结构	紧实度	植物根	层次过渡情况	新生体	侵入体

幼树	
下木	
地被物	

地形地势	地貌类型		海拔		坡向		坡位		坡度	

林分特点	

调查者：_____ 检查者：_____ _____年___月___日

表4-7　伐区调查每木检尺登记

林班号：_____　　小班号：_____

（一）小班因子调查：林种_____，优势树种_____，起源_____，林龄_____，郁闭度_____，采伐方式_____，采伐次数_____，平均冠幅_____，散生木株数_____，散生木蓄积量_____，天然更新等级_____，更新方式_____，更新树种_____，更新时间_____。

（二）标准地林木检尺登记：标准地号：_____，标准地面积_____。

树种	径阶	检尺木类型	株数计划			株数合计	实测						平均	
			用材	半用材	薪炭材		1		2		3		胸径	树高
							胸径	树高	胸径	树高	胸径	树高		
合计		保留木												
		采伐木												

调查者：_____　　　　　　　　　　　　　　　　　　____年___月___日

● **拓展知识**

作业设计各种标准要求如下。

（1）胸径测量：单径阶起测径阶为5cm，起测胸径为5cm，径阶进级为1cm；双径阶起测径阶为6cm，起测胸径为5cm，径阶进级为2cm。胸径≥20cm时，测量误差≤2%；胸径<20cm时，测定误差≤0.5cm。胸径单位为厘米，小数点后保留1位。

（2）树高测量：中央径阶实测树高3~5株，相邻的2个径阶选测2~3株，其他各径阶至少要测1株。树高测量误差≤5%，单位为米，小数点后保留1位。

（3）标准地面积：林相变化不大时，标准地设置为面积≥400m^{2}的块状标准地；林相变化较大时，标准地设置为带宽≥4m、长度≥200m的带状标准地。主伐标准地面积要求人工林不小于小班面积的3%。面积单位为公顷，小数点后保留2位。小班面积调查精度95%以上。

（4）小班蓄积（出材）量：调查误差不超过10%。蓄积量单位为平方米，按径阶计算时取小数点后3位，第4位四舍五入；按标准地（样地）计算时取小数点后2位，第3位四舍五入；按小班、伐区计算时取整数。

（5）材质划分：用材树的用材部分长度占全树高的40%以上；半用材树的用材部分长度在2m以上而未达用材树标准；薪炭材树的用材部分长度不足2m。

（6）伐区调查设计质量标准见表4-8。

表4-8 伐区调查设计质量标准

检查项目	标准分（100）	技术标准	扣分标准
设计资料	10	完整、准确、规范，平面图和表格数字清晰，概算依据充分	缺、错一项的扣5分
小班区划	15	位置准确，测量标志齐全，一个小班内不应出现1hm^{2}以上的不同林分类型	标志缺一项的扣3分，出现不同林分类型的扣10分
缓冲区	5	宽度合理，测量标志齐全	宽度不合理的扣2分，测量标志不齐全的扣3分
面积	10	允许误差±5%（1:10000地形图勾绘面积允许误差为±10%）	允许误差内不扣分，超过误差不得分
株数	5	允许误差±10%	允许误差内不扣分，超过误差不得分
蓄积量	5	允许误差±10%	允许误差内不扣分，超过误差不得分
出材量	5	允许误差±10%	允许误差内不扣分，超过误差不得分
龄级	5	允许误差1个龄级	每超过2个龄级的扣2分
树种组成	5	目的树种（优势树种）允许误差±1成	允许误差内不扣分，超过误差不得分
郁闭度	5	允许误差±0.1	允许误差内不扣分，超过误差不得分
采伐工艺设计	15	采伐类型、采伐强度、采伐方式、道路、集材道、楞长设计合理	缺、错一项的扣5分
采伐木标记	15	允许误差±5%	允许误差内不扣分，超过误差不得分

● **巩固训练**

小面积皆伐（简易皆伐伐区）调查设计：在林木连片面积3hm²以下，工业原料林中的速生桉、速生相思、大叶栎连片7hm²以下的伐区或非林地上的伐区，进行简易伐区调查设计。

任务2　渐伐更新

● **任务描述**

该任务分两段完成，先在教室或实训室进行理论学习，并通过多媒体课件了解森林渐伐更新作业现场工作情景和作业设计成果；然后到实训场地进行现场调查、实地操作。

● **任务目标**

1. 熟悉确定渐伐更新林分的一般标准。
2. 掌握森林渐伐更新的种类与方法。
3. 掌握渐伐更新的实施技术，能够完成森林渐伐更新的设计。
4. 会进行森林渐伐更新的评价。

● **知识准备**

2.1　渐伐更新的概念

渐伐更新，又称伞伐，保留的母树数量很少，其目的只是保证天然下种；具有渐护作用，帮助幼苗幼树免受各种自然灾害的侵袭，并战胜与草类地被物的生存竞争。

2.2　渐伐采伐过程和特征

2.2.1　渐伐采伐过程

渐伐是逐渐伐去成熟林木，是在保留木的庇护下进行的，只有当遮阴会阻碍更新幼树的生长发育时，才最终伐去全部上层木。渐伐的采伐次数变化较大，典型的渐伐分四次采伐全部成熟木，分别为预备伐、下种伐、受光伐和后伐。渐伐的林相如图4-1所示。

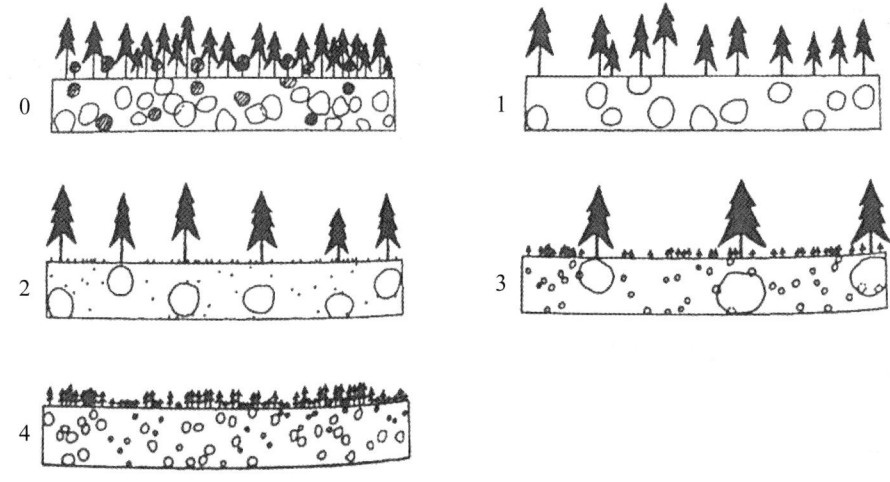

图4-1 渐伐的林相

（1）预备伐。预备伐是在成熟林分中为更新准备条件而进行的采伐。通常是在郁闭度大，树冠发育差，林木密集，抗风力弱，以及土壤表面活死地被物层很厚，妨碍种子发芽和幼苗生长的林分中进行。目的是为了疏开林冠，使保留木得到锻炼并促进结实和加速林地死地被物的分解，改善土壤理化性质，为种子发芽和幼苗生长创造条件。一般伐去林木蓄积量的25%~30%，采伐后林分郁闭度应降到0.6~0.7。如果林分平均郁闭度为0.5~0.6，则不必进行预备伐。

（2）下种伐。下种伐是在预备伐后几年进行，目的是进一步疏开林冠，促进林木大量结实并为林地接受种子以及幼苗、幼树生长发育创造良好条件。下种伐最好是结合种子年进行，可以使更新所需种子尽量多地落在渐伐林地上。下种伐有时为了使种子尽可能与土壤接触，可采用林冠下带状或块状松土。下种伐的采伐强度一般为10%~25%，伐后林分郁闭度应保持在0.4~0.6，以便对林冠下的幼苗、幼树起庇护作用。

（3）受光伐。受光伐是在下种伐后几年进行，是为下种伐后生长起来的幼树增加光照而进行的采伐。下种伐之后，林地上逐渐长起的幼苗、幼树对光照的需求越来越多，但仍需一定的森林环境给予保护，因此林地上还需保留少量的林木。受光伐的采伐强度可以适当提高，使伐区上保留的成熟木在满足必要的庇护作用时，数量尽可能减少。

（4）后伐。后伐通常在受光伐后3~5年进行，幼树由于得到充足的光照生长加速，老树的存在已经成为幼龄林生长的阻碍，因此需要将林地上的所有老树全部伐去。此次采伐必须及时，不得延迟，因为这时的幼龄林已逐渐接近或达到郁闭状态，且能抵抗日灼、霜冻和杂草的危害，已不需要老树的保护；并且采伐越晚幼树生长越高，幼树在伐木、集材过程中受到的伤害越大。为了减少伐木、集材对幼树的损伤，伐木必须严格掌握树倒方向，集材严格走集材道，北方最好在冬季积雪时进行采伐作业。

图4-2为带状渐伐的采伐程序。

	1	2	3	4	1	2	3	4
	2000A	2003A	2006A	2009A				
	2003C	2006B	2009B	2012B				
	2006C	2009C	2012C	2015C				
	2009D	2012D	2015D	2018D				

采伐列区甲　　　　　　采伐列区乙（采伐年度与顺序同甲区）

1—预备伐；2—下种伐；3—受光伐；4—后伐。

图4-2　带状渐伐的采伐程序

在实际工作中，通常会对典型渐伐进行简化，省略掉其中的1次或2次采伐，而成为2次或3次采伐的简易渐伐。这要根据进行渐伐的林分状况和更新特点决定采伐次数。如当林分郁闭度较低，林分已开始大量结实，或者林下已生长大量目的树种的幼苗、幼树，这时就可将预备伐以至下种伐省去。当预备伐后林木较长时间不能大量结实，无法顺利进行下种伐而必须在林冠下进行人工更新时，也可以将下种伐省略，待人工更新幼树成活后，直接进行受光伐。同样，如果更新起来的幼树已经郁闭成林，或虽未郁闭，幼树已能抵抗裸露环境所带来的各种不良危害，也可以将受光伐省掉，直接进行后伐。在上述情况下，不按照典型渐伐的四个采伐阶段逐次采伐，而以简易渐伐取而代之，这样做是非常必要和合理的，也可省工省力。采伐次数越多，木材生产成本也越高。所以，在实践中采用简易渐伐能够达到采伐更新目的时，就不采用典型渐伐。

我国《森林采伐更新管理办法》规定：上层林木郁闭度较小，林内幼苗、幼树株数已经达到更新标准的，可进行二次渐伐，第一次采伐林木蓄积量的50%；上层林木郁闭度较大，林内幼苗、幼树株数达不到更新标准的，可进行三次渐伐，第一次采伐林木蓄积量的30%，第二次采伐保留木蓄积量的50%，第三次采伐应当在林内更新起来的幼树接近或者达到郁闭状态时进行。

2.2.2 渐伐特征

渐伐的基本特征是：在采伐过程中留有较多的母树提供种源，更新效果比较好；渐伐最适合在大多数林木均达到采伐年龄的同龄林（包括相对同龄林）中应用；渐伐以后，形成的林分基本上仍为同龄林，林木间年龄相差不超过一个龄级期。

2.3 渐伐更新的种类

不同地区林况、气候、地形等自然条件不同，更新特点也不一样。这要求渐伐方式做出相应变化，因此就产生了多种渐伐类别。如上面所述的按采伐过程可分为典型渐伐和简易渐伐；另外，按照伐区区划时的排列方式可分为均匀渐伐、带状渐伐和群状渐伐。

（1）均匀渐伐。均匀渐伐是在预定要进行渐伐的全林范围内，按照渐伐过程顺序均匀进行采伐和更新。根据林分的具体情况，可选用二次、三次或四次渐伐。

（2）带状渐伐。带状渐伐是将预定进行渐伐的林分，规划成若干个带状伐区，按一定方向分带顺序采伐。待伐森林面积大时，为了缩短采伐更新期，可将其规划成几个采伐列区，从每个采伐列区的一端开始，同时顺序进行渐伐，即在第一个伐区上首先进行预备伐，其他伐区先不进行采伐；经过几年以后，在第一个伐区上进行下种伐，同时在第二个伐区上进行预备伐；再经几年，在第一个伐区上进行受光伐时，在第二个伐区上进行下种伐，在第三个伐区上进行预备伐，以此类推，直至全林伐完为止。采伐次数可根据具体情况，选用四次、三次或二次渐伐。

与均匀渐伐相比，带状渐伐更有利于保持森林环境和防止水土流失，更有利于对更新幼苗的庇护。伐区宽度一般可为树高的1~3倍，如果坡度过陡或风害严重，其宽度可窄些。通常要求伐区方向与害风方向垂直，采伐方向与害风方向相反；在比较平缓地区，为避免强烈阳光的危害，可将伐区方向设置为东西向，从北端开始采伐；在山区，伐区一般水平设置，采伐方向与集材方式均由上而下；有时为了便于采伐作业，在无水土流失的情况下，可顺山坡或斜山坡设置伐区，但不能由山坡下方向上推进。

（3）群状渐伐。群状渐伐是以林下已有幼树的、林冠疏开的树群作为采伐基点，逐渐向外扩展。当全部成熟林木伐尽时，林地上已更新形成金字塔形的新一代幼龄林。

实施群状渐伐首先要在森林中选择若干已具幼树的采伐基点。具体采伐过程与带状渐伐相似，只是采伐带的设置是以基点为中心向外扩展的。群状渐伐作业比较复杂，一般应用较少。

2.4 渐伐采伐木的选择

渐伐的采伐过程长、次数多，又要靠保留木天然下种实现更新，所以采伐时需要谨慎地选择采伐木和保留木。在选择采伐木时，应考虑以下几点。

（1）使生长发育健壮、具有优良遗传性状的树木能得到更多繁殖下一代的机会，避免生长发育不良、有病虫害、遗传性状差的树木繁殖后代，以提高幼龄林的质量。

（2）在混交林中，必须使主要树种特别是珍贵树种和稀有树种得到繁衍和发展；要尽量抑制次要树种的繁殖，使新形成的幼龄林能尽可能多地增加主要树种的比例。

（3）使保留木均匀地散布在采伐地段，以便伐区内能普遍获得天然下种的种子，并给林冠下的幼苗、幼树以适度的庇护。

（4）渐伐前1~3次采伐中都有选木问题。选木采伐的顺序也要认真考虑，一般砍伐木顺序为：次要树种；病腐木、损伤木；过于妨碍种子发芽的灌木；偏冠、平顶、弯曲和易风倒的树木；树冠过于庞大和为保持均匀疏开树冠而位置不当的树木。从预备伐开始，结合每次采伐强度逐次砍伐上述各类树种，并照顾用材的要求。

2.5 渐伐迹地更新

渐伐是以天然更新为依据的采伐方式，伐区主要靠上方天然下种进行更新。但实践中经常由于林分状况和树种差异难以获得预期效果，如有些林分可能由于林冠疏开而导致杂草繁茂，阻碍种子发芽和幼苗成活；有时可能发现更新幼树不符合经营要求等。所以，常需采用松土、整地、补播、补植等人工措施促进更新。

对天然更新难以成功，或需要加速更新进程，或需要更换树种的渐伐林分，也可冠下进行植苗，待上层林木的遮阴逐渐成为下层幼树生长的累赘时，即进行第二次采伐，伐尽全部上层成熟木。

2.6 渐伐更新的选用条件

（1）渐伐适用于天然更新能力强的成熟、过熟单层林。

（2）渐伐适用于坡陡、土层薄、容易发生水土流失的地方。

（3）渐伐适用于除喜光树种外的任一能成材树种，皆伐天然更新有困难的树种，种粒大、不易传播的树种，幼年天然需要遮阴的树种。

（4）渐伐适用于林冠下更新幼树较多、上层木限制幼树生长的林分。

2.7 渐伐更新评价

2.7.1 优点

（1）渐伐因有丰富的天然种源和上层林冠对幼苗的保护，所以森林更新一般既省力又有质量上的保证。

（2）渐伐在山地条件下，能使森林的水源涵养作用和防止水土流失作用不会由于采伐而受到很大影响，能保持森林环境的稳定性。

（3）渐伐可以有效地利用优良林木，增加优质木材产量。在第一、二次采伐后保留下的优良林木，由于林冠疏开，能加速直径生长成为大径材。

（4）渐伐施工较简单。

（5）由于对成熟林木分几次采伐，每次采伐后的剩余物较少，林下有机物容易分解，能有效提高土壤肥力，降低森林火灾发生的危险性。

2.7.2 缺点

（1）渐伐分2~4次将成熟木砍完，采伐和集材时对保留木和幼树的损伤率较大。

（2）渐伐既需要选木，又需要确定各次的采伐强度，技术要求较高，采伐、集材费用较高，生产成本也较高。

（3）林分稀疏强度较大时（如简易渐伐），保留木由于骤然暴露，容易发生风倒、风折和枯梢等现象，尤以一些耐阴树种较为严重。

（4）渐伐不便于实行机械化，施工速度较慢。

● 实训情境

1. 实训内容

在教室、实训室、实训场所（林场、民营林区等用材林作业区）进行渐伐更新。

2. 实训工具材料

以组为单位配备罗盘仪、测高器、皮尺、花杆、视距尺、围尺、钢卷尺、角规、指南针、手锯（或油锯）、砍刀、三角板、绘图直尺、量角器、锄头、土壤刀、工具包、计算器、计算机、讲义夹、文具盒、铅笔、刀片、透明方格纸、斧头、绳索等。

3. 实训场景

在教室或实训室进行任务描述和相关理论知识学习，通过多媒体演示辅助学习；到实训场所选择集中或分散的渐伐更新成熟林分（能容纳40~50人活动），按4~5人一组，以小组为单位在实训教师和技术人员的指导下进行动手操作，如选定调查区域、确定调查方法、分工合作等；在实训室进行内业计算和设计，提交渐伐更新作业设计成果；由指导教师对各项任务进行评价和总结。

任务实施

一、简易渐伐的确定

1. 实施过程

第一步：目测预定进行渐伐的近熟、成熟林的林相，根据层次分布、树冠状况，初步划分典型渐伐区域与简易渐伐区域。

第二步：在初步划分为简易渐伐的区域内打若干个标准地，在标准地上测量郁闭度，进行每木调查，计算林下幼苗、幼树数量。

第三步：如推算出该林分郁闭度为0.6~0.7，结合目测，判定成熟林林冠已经疏开，林冠不仅具备了大量结实的条件，而且林下已经有一些小树长出，可确定该林分进行三次渐伐，即和典型渐伐比去掉预备伐。如该林分不仅成熟林林冠已经疏开，而且有些地方林木稀少，林间空地较多，郁闭度在0.4~0.6，林下已有足够数量的幼苗、幼树（以在该地该树种造林密度的80%以上为准），可确定为二次渐伐，即和典型渐伐比去掉预备伐、下种伐。

归纳总结：如采用简易渐伐能够完成森林更新，就不必采用典型采伐，这样可以节省成本、节约劳力、提高效益。

2. 成果提交

提交一份简易渐伐确定的实训报告，要求写清楚技术要点和理论依据。

二、渐伐更新作业设计

1. 实施过程

第一步：准备材料，包括以下相关材料。

（1）有关的林业方针、政策和法规，如《中华人民共和国森林法》《森林采伐作业规程》《森林采伐更新管理办法》等。

（2）历年经营活动分析资料。

（3）作业设计地区的自然条件（如地形地势、土壤、气象、水文、动物和植物等）和社会经济条件（如交通运输、设备、工具、劳动力、经费预算和人类活动等）的资料。

（4）作业设计地区的森林资源清查及有关专业调查材料。

（5）作业设施材料，如楞场、工棚、房舍和集运材线路等。

（6）图面材料，如基本图、林相图、森林分布图、森林经营规划图及各种专业调查用图等。

（7）林业科学研究的新成果和生产方面的先进经验。

第二步：渐伐作业区调查。确定采用渐伐时，应设计伐后的更新要求、采伐次数、间隔期、每次采伐强度、树种和面积、集材方式、保留母树和保护幼树以及清理伐区的要求。

（1）了解作业区的森林类型和地形条件，以此确定在该地实施渐伐方式的合理性。

（2）调查渐伐作业的各项技术指标。带状渐伐的技术指标如下（以二次渐伐为例）。

①伐区方向和采伐方向：实训地点若风害严重，则伐区方向应与害风方向垂直，采伐方向与害风方向相反。实训地点若处于干旱地区，则伐区应东西设置，采伐方向由北向南。在山区，伐区一般应水平设置，采伐方向由上而下，以防止串坡木材破坏已更新的幼龄林。根据以上原则，判断伐区设置。

②采伐次数、顺序和间隔期：由于实训林分实施的是二次渐伐，故先在第一个伐区上进行下种伐；再经过几年，当第一个伐区幼龄林形成后，在第二个伐区进行后伐。两次采伐的间隔期不超过1个龄级期。

③采伐强度：第一次采伐量为林分蓄积量的80%，其余在下次采完。

（3）调查渐伐迹地更新情况。在渐伐迹地上，通常采用天然更新，但在某些情况下为了引入新的树种，也可应用人工更新。实行天然更新的渐伐伐区，应进行天然更新调查。

第三步：内业计算与设计。应根据外业调查和搜集到的本地区自然经济情况的材料，进行分析、整理、计算和设计。

（1）确定渐伐地点和配置主伐顺序。

（2）计算和确定采伐量。

（3）确定更新顺序、更新方式及比重。

（4）确定更新树种。

（5）按不同更新方式，确定主要技术措施。当采取人工更新方式时，应设计造林树种的比重、整地时间、方式和规格、造林密度、配置及株行距、造林方法和季节、幼龄林抚育管理措施、种苗需要量和工作量等。当采取人工促进天然更新方式时，应设计人工促进更新的措施（如松土、除草、割灌、补播、补植等）、抚育管理措施、种苗需要量和工作量。当采取天然更新方式时，应设计保证天然下种或萌芽的措施和抚育措施等。

（6）确定人工更新的更新年限，计算平均年度更新工作量。

（7）计算投资和单位成本。

（8）绘制伐区位置图、作业设计图。

（9）编制作业设计表，包括渐伐伐区调查设计汇总表、伐区调查每木检尺登记表、渐伐林分变化情况表、林木每公顷蓄积量和出材量统计表等。渐伐更新作业设计中的其他设计表，可仿照森林皆伐更新作业设计的表格编制。

（10）编写作业设计说明书。渐伐更新作业设计说明书可以依照森林皆伐更新作业设计说明书的规格，从作业区的基本情况、渐伐更新技术措施设计、施工方面的说明以及设计经费概算等几个方面编写。作业设计说明书的主要内容包括：基本情况，简述作业区的范围、森林资源状况、所在地自然条件和社会经济状况（包括劳力、运力、交通状况等）以及进行作业的必要性和可行性分析；技术措施，说明作业所采取的主要技术措施；作业量，说明作业面积、采伐量、出材量以及作业进度安排；作业设施，说明作业期间所需各种设施的数量、规格、设置位置以及建成期限；劳力安排，说明完成作业所需要的劳力和运力，并提出解决办法；收支概算，说明完成作业所需总的经费投资及其计算依据，产品收益及收支盈亏情况。

（11）提出施工应注意的事项。

归纳总结：认真按照技术标准和调查方法规定，对调查设计说明书及图表进行认真计算、记载和核校，消除差、错、漏项现象。

2. 成果提交

提交一份完整的森林渐伐更新作业设计成果，要求文字、表、图清楚，装订顺序符合规范要求。部分表格参照表4-9和表4-10。

表4-9 渐伐林分变化情况记录

林班号	小班号	树种	采伐强度		疏密度		平均直径		平均树高		每公顷蓄积量		每公顷株数	
			株数	蓄积量	伐前	伐后	伐前	伐后	伐前	伐后	伐前	伐后	伐前	伐后

统计员：_____　　审核人：_____　　　　　　　____年__月__日

表4-10　渐伐伐区调查设计汇总

林班	小班	林种	树种	起源	林龄	郁闭度	平均		天然更新等级	每公顷蓄积量		每公顷株数		采伐强度		采伐面积	采伐量		
							直径	树高		采伐	保留	采伐	保留	采伐	保留		蓄积量	株数	出材率
合计																			

统计员：_____　　审计人：_____　　_____年___月___日

● 拓展知识

1. 经营性大强度渐伐的概念

经营性大强度渐伐是在经营采伐的基础上，为了维护森林的生态效益和森林的景观，促进天然更新，同时获取年平均单位面积的最大经济收入，采取的强度较大的渐伐方法。这种方法减少中间环节的投入，提高经济效益，减少渐伐次数，加大渐伐的强度。

2. 经营性大强度渐伐的目的及意义

经营性大强度渐伐的目的是在保证维持林分的生态效益、促进林分天然更新的前提下，最大程度地为保留木创造合理的营养空间，促进保留木单位面积生长量最大化。

渐伐是主伐的一种方式，以前是在天然异龄复层林中进行，在人工同龄单层林中没有采用过。在河北省北部山区，一些坡度较陡的人工落叶松和油松林皆伐后，会对生态环境影响较大，人工更新也较困难，如果采用大强度渐伐的方式，保留一些优良的树种，通过人工促进的方式进行天然更新，这样既可避免皆伐后对环境造成破坏，又能顺利地更新；还有森林公园、旅游景区附近的人工落叶松和油松林分，如果采用皆伐的方式，会破坏旅游景观，影响旅游观赏效果，采用大强度渐伐的方式，就可以既不破坏旅游景观，又能达到采伐利用的目的。在河北省北部山区人工落叶松和油松林分中，出于上述条件，采用大强度渐伐的方式进行采伐，对维护生态环境和林产品的利用都是有利的。

3. 经营性大强度渐伐后的更新

渐伐后林分的郁闭度降低，林内光照充足，能够促进林木结实，为天然更新提供了足够的种源。同时，由于光照充足改变林内空气和水分条件，加快林内枯枝落叶的分解，为种子落地发芽和幼苗的生长创造了一定的条件。对一些枯枝落叶较厚的林分，渐伐后为保证更新，可以采取人工辅助措施，进行人工破土让天然落种与土壤密切接触；对于结实较差的林分，采取人工撒种的方式促进其更新；采用以上辅助措施还达不到更新效果的，可以采取人工植苗促进更新。为了保证幼苗成长，使其更新成功，渐伐后要加强对林分的管护，防止人畜的危害。

4. 渐伐强度

在保证生态效益和保护森林景观的情况下，为减少中间环节的费用，提高经济效益，在渐伐过程中，减少渐伐次数，加大渐伐强度，使多次渐伐变为两次渐伐。渐伐强度由原来的25%左右，增加到50%以上，伐后林分的郁闭度在0.3左右。

经营性大强度渐伐是随着林业发展，根据林分的经营目的，将渐伐进行深入和拓展一种方法，应是林业发展的需要。

● 巩固训练

1. 任务描述

油松二次渐伐：选择达到主伐年龄的油松小班，进行外业调查，并确定最后的主伐方式，计算材种出材率和出材量。

2. 任务目标

（1）能够根据油松的生长情况及森林经营技术标准确定是否需要进行主伐。

（2）能够根据油松的生长情况正确确定主伐更新的方式和方法。

（3）能够进行油松二次渐伐外业调查。

（4）能够进行油松二次渐伐内业计算。

（5）能按照二次渐伐设计文件进行采伐作业。

3. 制订工作计划

查阅资料，自主学习，针对油松二次渐伐制订周密可行的工作计划，并按照计划完成准备工作。

4. 外业部分

（1）确定主伐更新对象。首先，将小班的档案卡调出，认真阅读其林分因子，如符合主伐条件则到现场全面踏查，如果档案记载和现场大致相同，可组织人员进行主伐设计。

（2）小班面积测定。小班面积可以采用罗盘仪闭合导线法测量。

（3）小班因子及森林更新调查。在小班中进行土壤质地、土层厚度、植被、森林更新的调查。进行森林更新调查时，设置样方进行调查，分幼苗、幼树计数。

（4）全林每木检尺。在小班中进行每木检尺，将检尺数据以"正"字记入相关表格中。

（5）测量树高直径并绘制树高曲线。根据平均直径测各径阶的树高，接近平均直径的林木测5株，向两侧顺测5株、4株、3株、2株、1株并记入。

（6）标定采伐木。生长发育健壮，具有优良遗传性的林木宜保留；在混交林中，主要树种、珍贵树种宜保留；保留木要均匀地分布在采伐地段上；促进保留木加速生长，增加单位面积产量的林木应保留。

二次渐伐在第一次采伐时尽量将弯曲木、无头木、雪压木、较小等级木及部分Ⅲ级木伐去，保留Ⅰ、Ⅱ级木。所以采用三级木分级法进行全林林木分级，在分级的过程中随即标定出采伐木，用粉笔在树皮上标定。为了保证第一次采伐的蓄积强度不大于50%，标定的采伐木尽可能均匀地分布在小班中。

（7）确定采伐强度。根据确定的采伐木数量、直径、树高曲线及全林检尺的结果，分别计算砍伐木蓄积量和小班林木蓄积量，并计算出采伐强度。如果采伐强度不大于50%，则采伐木确定合理，如果采伐强度超过50%，要现地抹号，直到采伐强度达到合理范围。

（8）材种出材率调查。采用径阶标准木法计算材种出材率和出材量，伐倒标准木后进行打枝造材。

5. 内业部分

（1）绘制小班平面图并计算面积。在厘米方格纸上按照1∶1000的比例尺根据罗盘导线测量外业数据绘制小班平面图并计算面积。同时，将图转绘到森林采伐作业设计实测图上。

（2）数据记录。将外业调查数据如实填写在标准地测量记录表上。

（3）绘制树高曲线。根据小班调查结果，在厘米方格纸上绘制树高曲线，并将树高曲线转绘到树高曲线图上。

（4）计算采伐量和出材率。查树高曲线，求算每个径阶对应的平均树高；通过径阶直径和径阶平均树高，查二元立木材积表，求该径阶直径和径阶平均树高对应的立木材积，用该径阶林木株数乘以该径阶对应的立木材积，即得该径阶所有林木的蓄积量，累计各径阶采伐木蓄积量之和即得小班采伐木的蓄积量，即为小班的采伐量。

①出材率计算：出材率＝标准地采伐木总出材量/标准地采伐木蓄积量。

②标准地采伐木总出材量：根据每木检尺登记表查材积表，求算每个径阶标准木的出材量，乘以该径阶对应的砍伐木株数，即为该径阶砍伐木的出材量，累计每个径阶出材量之和即为标准地采伐木的总出材量。

③标准地砍伐木蓄积量：查二元立木材积表，求算每个径阶标准木的伐倒木材积，伐倒木材积乘以该径阶对应的砍伐木株数，即得该径阶采伐木的蓄积量之和，累计每个径阶采伐木蓄积量之和即为标准地采伐木的蓄积量，填写在林木每公顷蓄积量和出材量统计表上。

（5）填写标准地内业记载表中的其他表格。将计算的数据和其他外业调查相关数据，填入森林经营作业设计呈报书中的其他表格中。在填写过程中要细致认真，做到数据转录无误。

（6）注意事项。绘制作业小班在林班中的位置图时，注意整幅图的布局要合理。

6. 成果提交

提交一份油松二次渐伐作业设计呈报书。

7. 二次渐伐施工

（1）确定渐伐的种类。渐伐的种类有均匀渐伐、带状渐伐、群状渐伐。辽宁省大部分地区都采用均匀渐伐，本训练也采用均匀渐伐。

（2）确定伐木作业顺序。在伐木作业开始之前，首先要确定伐木作业的顺序。从便于集材的方面考虑，一般应从靠近装车场的一边开始，由近及远采伐。对于一个采伐号来说，首先采伐集材道上的树，然后采伐集材道两侧的树木，最后采伐丁字树。在采伐集材道两侧的树木时，在材道的两边，每隔十几米远留一棵生长健壮的采伐木作为丁字树，用来控制集材道宽度不再扩大，特别是在集材道的拐弯处，更应保留丁字树。在伐木过程中，还要根据树木的生长状态和树木之间相互影响的情况来确定采伐顺序。一般来讲，在眼前的一棵树木，应当先采前边，再采后边。但如果好树病腐树并存、大树小树相间，则应该先采伐病腐树，后伐健壮树；先采小树，后采大树。当遇到个别树木倾斜方向与周围其他树木相反时，以这棵树为中心，以它的树高为半径，先采伐这个距离范围内的树木，再采伐这棵树。

（3）选择树倒方向。正确选择树倒方向有利于安全生产，提高劳动生产率，减少木材损伤。一般情况下，伐倒木总的树倒方向是根据集材方式来确定的。当使用拖拉机、牲畜集材时，要求树倒方向和集材道呈30°～45°角，按人字形（小头朝前）或八字形

（大头朝前）集材。伐倒木的大小头方向，也应根据集材方式来确定。拖拉机原条集材时，应小头朝前，这样可以减轻机身负荷；畜力集材时，则应大头朝前，这样可以减小地面对原木的摩擦阻力。

（4）采伐作业。确定采伐木，采伐前选好树倒方向，清理掉被伐木基部妨碍作业的灌木，打出安全道。打号林木按预定的方向伐倒，不要伤害保留木。伐木时，端平锯，先锯下口，后锯上口，尽量降低伐根，以不高于10cm为原则。

（5）打枝。从树干基端向梢头打枝。人站在树左侧打右面的枝，站在右侧打左面的枝。打枝要贴近树干，打出平滑的白眼圈，不允许逆砍和用斧背砸。

（6）造材。合理造材，节约木材，增加出材量。下锯前量出长度，处理好弯曲、分权部位，按材种规格造材。

（7）集材、归楞。生产中常采用的集材方式为畜力集材。畜力集材适合平坦、地形起伏不大、坡度16°以下的伐区。总之，要在以营林为基础和确保安全的前提下，因林因设备因能力选择集材方式，以充分利用森林资源、降低成本、提高效率为最终目标。归楞时要区别树种、材种，将大小头分开整齐堆放，为检尺、装车创造方便。

（8）伐区清理。采用堆腐法进行伐区清理，即将采伐剩余物堆成小堆，任其自然腐烂。堆积时将粗大的枝丫堆在下面，细而小的枝丫堆在上面。堆好后，上面再用较大的枝丫或石头压好，以便使堆垛紧密，免于被风吹散和便于腐烂。堆的方向以横山堆积为宜，但不要影响小河、小溪的正常排水。垛的大小要适宜，过小会影响腐烂，过大会因枝丫过多而影响迹地更新，一般每公顷150~200堆。堆的位置宜在林中空地、水湿地、岩石裸露的地方和伐根附近，要离开幼树、幼苗和保留木。

8. 二次渐伐更新

（1）种植点配置。采用正方形配置，株行距为2m×2m。

（2）整地。采用穴状整地的方式进行局部整地，一般采用圆形坑穴，穴径和穴深均在30cm以上，大苗造林穴径和深度分别宜在50cm以上。

（3）栽植。栽植过程中要做到苗干竖直，根系舒展，深浅要适当，填土一半后要提苗踩实，再填土踩实，最后覆上虚土。

（4）幼龄林抚育。造林后为了提高苗木成活率，有条件的可以适当地浇水，造林后应及时进行松土除草，与扶苗、除蔓等结合进行，对穴外影响幼树生长的高密杂草，要及时割除。连续3年抚育5次，头2年每年抚育2次，第三年抚育1次。松土要做到里浅外深，不伤害苗木根系，深度一般为5~10cm，根据需要采取适宜的除草措施。

9. 归纳总结

分别陈述训练情况,包括在工作过程中遇到了哪些问题,采取了哪些方法来解决问题。教师根据工作表现和工作成果进行评价考核,并指出优点和不足,提出改进意见。

任务3 择伐更新

● 任务描述

该任务分两段完成,先在教室或实训室进行理论学习,并通过多媒体课件了解森林择伐更新作业现场工作情景和作业设计成果;然后到实训场地进行现场调查、实地操作。

● 任务目标

1. 熟悉确定择伐更新林分的一般标准。
2. 掌握森林择伐更新的种类与方法。
3. 掌握择伐更新采伐木的确定方法。
4. 会进行择伐采伐强度、间隔期、采伐年龄的确定与设计。
5. 能对择伐作业进行评价,理解择伐作业在生态公益林中的应用。

● 知识准备

3.1 择伐更新的选用条件

择伐更新是指每隔一定时期采伐林分中一部分成熟林木,并在伐孔中不断进行更新,始终保持森林为多龄级林分的主伐更新方式。通常是在林分中均匀分散的采伐单株或呈群团状的成熟木,为森林更新创造必要的空间,使幼苗、幼树能够更好地生长发育。择伐的林分由于处在有规律地不断采伐、不断更新的过程中,林分林相基本保持完整。

择伐更新

择伐更新是渐次连续进行的,林内的天然更新也随之连续发生,因此,经过择伐的林分必定为复层异龄林。一般来说,理想的择伐林分应当包括各种年龄的林木,各龄级期的林木所占的面积相等,且随着年龄增长,林木直径加大,株数逐渐减少,这样的林分称为平衡异龄林。实际上进行择伐的林分，原来的年龄分配一般是不平衡的，采伐量也不是每次都相等，因此常为不规则的异龄林。这样的林分通过长期有规则的择伐与更新，年龄状况会越来越趋于平衡分配。图4-3为择伐林分的林相。

图4-3　择伐林分的林相

通过择伐更新的林分，林地上水源有林木庇护，土壤和小气候条件因采伐变化甚小，能够使森林的多种效能得以保持。同时，通过对上层林冠成熟木的采伐，可为下层未成熟木生成和种子发芽以及幼苗、幼树成林创造更有利条件，从而加快生长速度。

择伐更新一般是与天然更新配合进行的，但在天然更新不能保证的情况下，也可采用人工植苗或播种的方法弥补天然更新的不足。

3.2 择伐更新的种类

3.2.1 按经营集约程度分类

按经营集约程度，择伐可分为集约择伐和粗放择伐两种。

（1）集约择伐。集约择伐即为经营集约高的择伐方法。它要求很高的作业技术与管理水平，适用于各种森林公园、风景林及防护林（水源涵养林、水土保持林、护坡林、护岸林等），也适用于经营水平高的用料林。为使林分的采伐量不超过间隔期内林木的生长量，并维持生态环境，应严格控制采伐强度，而且应将蓄积量采伐强度与株数采伐强度结合起来考虑。

实行集约择伐，采伐木的选择应本着采大留小、采劣留优的原则，并要使采伐量与林木净生长量保持平衡。间隔期由采伐量与生长量决定。一般情况下，伐后林冠郁闭度要大于0.5，用材林可小些，防护林宜大一些。

（2）粗放择伐。粗放择伐是相对于集约择伐而言，着眼于当前木材的利用，而采伐后对森林的产量与质量的影响不多考虑。一般只在偏远地区交通不便、组织劳力困难的情况下采用。

3.2.2 按采伐木分布分类

按采伐木分布情况,可将择伐分为单株择伐和群状择伐两种。

(1)单株择伐。单株择伐是在林地上伐去单株散生的已达伐期龄的林木和劣质的林木。采伐后,林地上所形成的每块空隙面积较小,只有较耐阴的树种才能得到更新。单株择伐虽然对森林环境的影响不大,但在每块空隙地上更新起来的新林木会受毗邻树木延伸树冠的压抑。

(2)群状择伐。群状择伐是在林分中均匀地采伐呈群状的林木,使采伐的群状迹地得到更新。群的大小可根据林分情况和更新树种的生态学特性而定,每群可包括2~5株或更多株林木,以能供给目的树种的森林更新所需要的适度阳光为度。群的大小若超过$0.1hm^2$或群的幅度超过周围林木高度,就会失去择伐的作用,不能保证对更新幼树的庇护和对土壤的保护。该方法适用于较喜光树种的更新,且有一定的灵活性。如更新树种较为耐阴,可采取小群采伐;若为较喜光树种,伐孔可适当加大。

群状择伐与单株择伐相比较,伐木工作较为便利,且伐木时对保留木的损害也较小。由于群的面积较大,更新幼龄林木的生长免遭上层林木的阻碍。

3.2.3 按经营目的和对采伐木的要求分类

按经营目的和对采伐木的要求不同,可将择伐分为更新择伐、经营择伐、径级择伐和采育择伐四种。

(1)更新择伐。更新择伐是以保证林分健康的发展,并获得良好的更新为主要目的,只采伐已经衰老、即将死亡的过熟木,以及各径级的病腐木、虫害木和其他即将死亡林木的主伐更新方式。该方法基本按照树木自然衰老、自然更新的规律,只是在林木老死之前将其采伐利用,同时改善林分的卫生状况。这种择伐的采伐量较小,采伐量与采伐时间均由林木成熟的程度、天然更新状况及森林需要抚育的程度来确定。通常只在不允许采用其他主伐方式的防护林、供旅游观赏的风景林以及其他具有特殊意义的林分中应用。

(2)经营择伐。经营择伐是在利用木材的同时,以培育森林、维持森林环境为主要出发点的采伐方式。采伐强度较小,通常为30%左右,采伐后郁闭度保持在0.5以上。对有珍贵树种的林分和采伐后容易引起岩石裸露、水土流失及更新困难的林分,采伐强度不大于伐前蓄积量的30%,伐后林分郁闭度保持在0.5以上。经营择伐采伐木的选择除成熟木外,还包括未成熟的病腐木、虫害木和无生长前途的林木;还要对过密处进行稀疏,伐去一些质量差的林木和次要树种。经营择伐的间隔期较短,一般10年左右。因此,在预定采用经营择伐的林分中,不必再进行抚育间伐。

（3）径级择伐。径级择伐是根据对木材规格的要求，采伐规定径级以上林木的主伐更新方式。该方法确定采伐木的标准主要是径级，往往根据对木材的要求，决定最低的采伐径级，凡在最低采伐径级以上的林木就全部采伐，其他林木全都留下。采伐时常常是去大留小、采优留劣，其后果多是不良的，伐后易引起林相残破。

辽宁省地方标准《森林经营技术规程》（DB 21/706—2009）规定：防护林经营在采用径级择伐时平均择伐强度不能超过伐前林木蓄积量的25%，择伐作业时优先保留黄波椤、刺楸等珍贵树种，采伐间隔期应大于一个龄级期。

（4）采育择伐。采育择伐是我国东北林区为纠正20世纪50年代采用的不利于森林更新的大面积皆伐和不合理的径级择伐而提出来的一种主伐更新方式。采伐过程中要考虑伐去病腐木、弯扭木、站杆与其他无培育前途的林木；伐去原生、次生林中的霸王树，解放被压木，为目的树种的中、小径级林木和幼树生长创造条件。这种择伐的出发点是采伐与更新育林相结合，既可在单位面积上比较集中地取得较多木材，又能促使林木尽快生长，保证及时更新，兼顾木材生产和森林培育。该方法一般要求采伐强度不大于伐前林分蓄积量的60%，伐后郁闭度维持在0.4以上，每公顷均匀保留直径8cm以上健壮目的树种300株以上。

3.3 择伐采伐木的选择

如何选择采伐木决定着择伐作业的质量和效果。确定采伐木与留存木的重要性，在于它影响着采伐所得木材的材种和质量，影响着留存林木的生长速度以及森林更新后的树种组成。如果只采主要树种中、大径级的优良木，而将病腐木、站杆木、虫害木和次要树种的林木留下，虽可取得优质木材、降低采伐成本，但将降低伐后林分的质量和生长速度；如果伐尽主要树种，留下的全是次要树种，则更新后的林分将是次要树种占优的低劣林分。合理的择伐应该是将采伐与育林紧密结合。在选择采伐木时，应遵循以下原则。

（1）在上层林内，除伐去符合择伐年龄的成熟木外，同时伐去影响幼龄林、壮龄林生长的径级较大的病虫害木、弯曲木、枯腐木和霸王树，形成有利于幼龄林、壮龄林生长发育的伐后环境。

（2）在中层林内，应将濒死、枯立、干形不良或冠形不好的树木伐去，这类似于抚育间伐，以利于保留木的生长发育。中层林木是培育对象，在这一林层不可过度疏伐。

（3）在下层林内，伐去不能成材的受害木、弯曲木和多余的非目的树种树木，形成有利于中下层目的树种林木生长的良好条件，起到对幼苗、幼树更好的庇护作用。

（4）在林木较稀的林分中，采伐强度可以小些，保留木的径级和年龄可以比一般林木稍大一些，以免引起森林环境过大的变化，对林木生长不利。

3.4 采伐强度、间隔期与采伐年龄的确定

间隔期的长短决定采伐强度的大小，年生长量大的林分每次采伐量可以大一些。

间隔期是指相邻两次择伐之间所间隔的年数。择伐属不整齐乔林作业法，与整齐乔林作业法（皆伐作业法、渐伐作业法）相比，没有轮伐期而有间隔期。择伐一般按6~10年的周期反复进行，这个周期就称作间隔期，也称回归期或回归年。通常以年生长量去除一次采伐的采伐量来算出择伐间隔期。这样做的目的就是保持森林有稳定的蓄积量，不因采伐而使蓄积量减少。

择伐虽无轮伐期，但可以规定采伐年龄。采伐年龄是指直径达到采伐要求的一定数量树木的平均年龄。

在对一个具体的林分确定采伐量与间隔期时，要参考林分成熟木的数量、卫生状况、优势树种生长快慢、林分的郁闭度与立地条件等情况。当林分的立地好、郁闭度高、成熟木比例大、卫生状况不良、优势树种生长快，采伐量可以大些，反之则小些。采伐量大，间隔期就长。另外，生产单位的综合条件也影响采伐强度与间隔期，经济状况、技术力量、劳力等条件好的，采伐量宜小一些，间隔期宜短些，这样可以较好地保持森林环境，也有助于森林更新和更有效地利用地力。

《森林采伐作业规程》（LY/T 1646—2005）规定：凡直径达到培育目的的林木蓄积量占全林蓄积量超过70%的异龄林，或林分平均年龄达到成熟龄的成熟、过熟同龄林或单层林，可以采伐达到起伐直径指标的林木；择伐后林中空地直径不应大于林分平均高，蓄积量择伐强度不超过40%，伐后林分郁闭度应当保持在0.5以上；回归年或择伐周期不应少于一个龄级期，下一次的采伐量不应超过这期间的生长量；下一次采伐时林分单位蓄积量应高于本次采伐时的林分单位蓄积量。

各种防护林与风景林进行择伐时，采伐量宜小，并且以单株择伐为主，使其既改善林分状况，又能维持防护效能与观赏游憩价值，同时加强对生物多样性的保护。

3.5 择伐迹地更新

择伐主要靠天然更新，并且以天然下种更新为主。因为择伐后形成的伐孔周围有大量的壮龄树，可以比较充足地提供天然下种所需的种子。

受自然条件的限制，当采伐以后林冠下目的树种的天然更新不能令人满意，或土层

较薄、岩石裸露、大量杂草侵入等使天然更新发生困难时，应采取人工整地、松土、补播种子、补植苗木以及除草、砍伐竞争植物等人工促进更新的措施，以保证森林更新的成功。当择伐的林分缺乏合乎经营要求的目的树种种源时，可以人工引种，以优化更新林分的树种组成，提高林分质量。为了保证更新效果、保护幼苗和幼树生长，在采伐时要严格控制树倒方向或将枝丫运出利用。

3.6 择伐更新评价

3.6.1 优点

择伐与皆伐和渐伐比，有许多优越性。

（1）能长期不间断地发挥各种有益效能。实行择伐作业以后，森林始终保持着较完好的林相，从而能持续地维护森林环境，能较好地涵养水源、防止土壤侵蚀、防止滑坡与泥石流的发生。同其他采伐方式相比，择伐林分的环境保护作用是最好的。

（2）有助于保护生物多样性。森林生态系统的平衡状态不会因采伐而受到破坏，森林中各种生物协调平衡，林内的各种动物、植物群落一般不会出现突发性的灾难，很少发生严重的灾难，生物种类不会减少。

（3）能充分利用森林的自然更新能力，大大降低更新费用。择伐的天然更新与原始林的自行更新过程相似，林内存在着永久的母树种源，幼苗、幼树在老林的庇护下很容易获得成功。

（4）森林对光能的利用率高，林分的生产力较高、生物量大。伐后林分为多级郁闭，具有异龄多层的特点，对太阳辐射的总利用率高。

（5）择伐林的林木具有大小参差不齐的多层性，并有单株与群团采伐后形成的林隙，因此风景和美化作用保持得好，旅游与保健价值更高。

（6）择伐作业始终是边采伐利用、边更新、边抚育，因此成为在所有森林收获作业法中最适于走森林资源可持续经营之路的作业方法。

3.6.2 缺点

与皆伐和渐伐比，择伐也有一定的局限性和不足。

（1）对采伐木的选择比较复杂，需要格外慎重，否则林分难以逐渐转为平衡异龄林或保持为平衡异龄林。

（2）由于伐木在林分中进行，必须严格选择和掌握树倒方向，不然容易砸伤周围的保留木和幼树，容易产生树木搭挂现象。

（3）择伐的采伐木比较分散，难以发挥机械效能，伐木和集材的工作复杂、费用高，再加上采伐强度小、间隔期短，使得木材生产成本较高。

（4）择伐林分不适于选用喜光树种，虽然在大的伐孔中，喜光树种可以更新，但生长受限制，成林成材难度大、效果差；择伐作业难以在速生丰产林中应用。

实训情境

1. 实训内容

在教室、实训室、实训场所（林场、民营林区等实行择伐的林分，且有部分刚采伐过、部分需采伐的林分）进行择伐更新。

2. 实训工具材料

以组为单位配备罗盘仪、测高器、皮尺、花杆、视距尺、围尺、钢卷尺、角规、指南针、手锯（或油锯）、砍刀、三角板、绘图直尺、量角器、锄头、土壤刀、工具包、计算器、计算机、讲义夹、文具盒、铅笔、刀片、透明方格纸、斧头、绳索等。

3. 实训场景

在教室或实训室进行任务描述和相关理论知识学习，通过多媒体演示辅助学习；以小组为单位在实训教师和技术人员的指导下进行动手操作，由指导教师对各项任务进行评价和总结。

任务实施

一、采伐木选择与林隙更新

1. 实施过程

第一步：在需择伐的森林地段选择采伐木。首先根据林分属性（用材林、风景林等）及林内树种的工艺成熟龄、数量成熟龄、自然成熟龄确定采伐木，用粉笔在采伐木胸径处标上2~3cm高的圆环，使其采伐时在各个方向均能被清楚地看见，避免误采、漏采。接着在林分上层选择阻碍幼龄林、壮龄林生长的径级较大的病虫害木、弯曲木、枯腐木和霸王树；在中层林内选择濒死、枯立、干形不良或冠形不好的树木；在下层林内选择不能成材的受害木、弯曲木和多余的非目的树种。

第二步：在刚实施过择伐的森林地段进行观察，并讨论林隙概念。林隙分为两类：一类是冠林隙，指直接处于林冠层空隙下的土地面积，又称为实际林隙；另一类是扩展林隙，指由冠层空隙周围林木树干围成的土地面积。创建林隙的林木称为林隙形成木。林隙形成木的组成、直径、树高影响着林隙的大小和周围下层植物的生成，从而影响林隙的更新。一般认为，林隙的面积为4～1000m²。小于4m²的间隙与林分中的树枝间隙难以区分，故不做林隙处理；大于1000m²当作林间空地看待。林隙的产生为森林更新、树木生长创造了条件。人为的干扰也可创建林隙，择伐的单株采伐或群团采伐，就可创建大小不同的林隙。

在林隙内由南向北地存在着微环境梯度。其中光是主导因素，光环境存在着南北不对称性。在林隙四周树高一定时，随林隙增大，光照由南向北的梯度增大，从而形成林隙中不同方位的气温、湿度、地温与土壤含水量的变化。因此，可利用林隙中不同方位微环境的变化，在人工更新中选择适宜的更新树种、大小不同的苗木，确定适宜的密度、合理的栽植点，以取得较好的更新效果，减少死亡率，提高生产力。

第三步：分组选择不同地段的林隙，进行林隙内不同方位光照强度、气温、地温、空气湿度、土壤湿度的测量，并进行记录。

第四步：进行林隙更新设计。一般冠林隙宜栽较喜光树种和较大的苗木，冠林隙面积以外的扩展林隙宜栽较耐阴树种、较小的苗木；林隙南部宜栽耐阴树木，林隙北部宜栽较喜光树木。

归纳总结：林隙更新的效果需经过一段时间确定。林隙更新的设计原则须进一步研究探讨，在实训时开展小组讨论。

2. 成果提交

提交一份林隙微环境状况调查及林隙更新设计讨论的实训报告，要求调查方法和技术要点清晰，调查和讨论结果明确。

二、择伐更新作业设计

1. 实施过程

第一步：准备材料，相关材料同渐伐更新作业设计中的材料。

第二步：择伐作业区调查。

（1）了解作业区森林类型的地形条件，以此确定在该地实施择伐方式的合理性。

（2）调查择伐作业的各项技术指标。择伐的技术指标如下（以经营择伐为例）。

①择伐强度：鉴于经营择伐是在利用木材的同时，以培育森林和维持森林环境为主要出发点，因此，其采伐强度必须控制在伐前蓄积量的30%～40%，伐后林分郁闭度应保持在0.5以上。在实训现场量测林分伐前蓄积量，检查采伐量是否控制在上述标准之内。

②采伐间隔期：查询该林分主伐设计资料，了解预定的间隔期，然后根据采伐量与

生长量相等的要求，得出间隔间的大致标准。通常，经营择伐的采伐间隔期为5～10年。

③采伐木选择：择伐的主要采伐对象是已达成熟的林木，在生产上为了便于掌握，多用达到成熟时的林木径级作为确定采伐木的标准。

（3）调查择伐迹地的更新情况。择伐迹地以天然更新为主，有时为了促进林冠下目的树种的更新，应采取人工整地松土、补植苗木以及除草砍灌等人工促进更新的措施。当择伐更新的林分缺乏目的树种种源时，可以人工引种珍贵树种，改变更新幼龄林的树种组成。

第三步：内业计算与设计。应根据外业调查和搜集到的本地区自然经济情况的材料，进行分析、整理、计算和设计。

（1）确定择伐地点和种类。

（2）计算和确定采伐量。

（3）确定更新顺序、更新方式及比重。

（4）确定更新树种。

（5）按不同更新方式，确定主要技术措施。

（6）确定人工更新的更新年限，计算平均年度更新工作量。

（7）计算投资和单位成本。

（8）绘制伐区位置图、作业设计图。

（9）编制作业设计表，包括择伐伐区调查设计汇总表、伐区调查每木检尺登记表、择伐林分变化情况表、林木每公顷蓄积量和出材量统计表等。择伐更新作业设计中的其他设计表，可仿照森林皆伐更新作业设计的表格编制。

（10）编写作业设计说明书。择伐更新作业设计说明书可以依照森林皆伐更新作业设计说明书的规格，从作业区的基本情况、择伐更新技术措施设计、施工方面的说明以及设计经费概算等几个方面编写。作业设计说明书的主要内容包括：基本情况，简述作业区的范围、森林资源状况、所在地自然条件和社会经济状况（包括劳力、运力、交通状况等）以及进行作业的必要性和可行性分析；技术措施，说明作业所采取的主要技术措施；作业量，说明作业面积、采伐量、出材量以及作业进度安排；作业设施，说明作业期间所需各种设施的数量、规格、设置位置以及建成期限；劳力安排，说明完成作业所需要的劳力和运力，并提出解决办法；收支概算，说明完成作业所需总的经费投资及其计算依据，产品收益及收支盈亏情况。

（11）提出施工应注意的事项。

归纳总结：认真按照技术标准和调查方法规定，对调查设计说明书及图表进行认真计算、记录和核校，消除差、错、漏项现象。

2. 成果提交

提交一份完整的森林择伐更新作业设计成果，要求包括标准地调查材料、作业设计表、图面材料、附件和设计说明书等部分，文字、表、图清楚，装订顺序符合规范要求。具体内容可参照皆伐、渐伐更新作业设计成果。

● 拓展知识

桉树人工林通过择伐培育成复层异龄林，使林分合理地利用光照、水分和土壤养分，既可培育优质中、大径材又可培育小径材，还可提高利用率，丰富森林资源，增加林农收入，是实现桉树科学经营和持续发展的一种新模式。

1. 技术要点

（1）择伐起始年龄。选择择伐起始年龄，需要考虑林分郁闭度达到0.8～0.9，林龄选择5年生以上，直径生长量明显下降，自然整枝明显上升，并综合考虑经济效益、交通条件等社会因素。

（2）采伐强度。择伐蓄积量强度达到70%左右，伐后林分郁闭度≥0.3，保留木分布相对均匀。

（3）保留株数。每公顷保留375株左右，最低每公顷保留300株。

（4）择伐方法。遵循采劣留优、采小留大、采密留均的原则，先确定保留木，将有生长优势的林木留下来，再确定采伐木，实现森林采伐和森林培育的有机结合。可采用株间择伐或隔行择伐，隔行择伐宽不能大于林分平均高，如留两行采四行（不能多于四行）。

（5）择伐季节。择伐季节选择在林木生长速度渐缓的当年9月至第二年3月，即为秋末至初春。

2. 伐前、伐中、伐后管理技术

（1）伐前管理。林下植被茂密的林分，伐前应进行全面劈草或化学除草。劈草时草桩高度应低于5cm，注意保留比较有经济、生态价值的幼苗和幼树，以利于自然形成混交林。化学除草应在采伐前进行，以利杂草枯烂，便于伐区作业。

（2）伐中管理。采伐木伐根高度尽量低于5cm，最高不得超过10cm，以利于萌芽条从地表长出和便于作业。有枝丫盖住伐根时应及时拨开，以防伐根腐烂影响萌芽。

（3）伐后管理。

①伐后杂、灌、草处理：对于伐前未进行劈草的林分，采伐后应将伐区内影响桉树

伐根萌芽的杂草等从基部砍倒,草桩高度不超过25cm,并将采伐剩余物平铺在已砍伐树桩的行间。

②清除多余萌芽条:当萌芽条长到1~1.5m时,每个伐根应保留上坡方向不同萌芽点的1~2株粗壮、贴近地面、无病虫害的萌芽条,其他萌芽点的萌芽条应以清除。

③萌芽条培土:以伐根为中心,50cm为半径范围内的杂草连根全挖除,并深挖20cm,然后对伐桩外缘10cm半径内进行培土,将伐根用土全部盖住,培土高度为10cm左右。

④抚育管理:

a. 萌芽条施肥:在距伐桩30cm的上坡方向或左右侧挖一条长30cm、宽20cm、深25cm的施肥沟,将复合肥(含氮、磷、钾)500g、钙镁磷500g均匀施放在沟内并覆土,施肥量可依立地条件、经济条件而增减。

b. 保留木施肥:保留木可与萌芽条同时进行施肥,在保留木每两株中间挖一条长50cm、宽20cm、深25cm的施肥沟,将复合肥、尿素均匀施放在沟内并覆土。

c. 除草:同一般桉树林分管理。

任务4　矮林作业

任务描述

该任务分两段完成,先在教室进行理论学习,并通过多媒体课件了解矮林及矮林作业;然后到实训场地,进行现场调查、实地操作。

任务目标

1. 认识经营矮林的作用和效益。
2. 能区别矮林与乔林、中龄林的不同之处,熟知矮林的种类。
3. 能运用正确的理论,采取合理的技术措施对不同类型的矮林进行经营管理。

● **知识准备**

4.1 矮林作业概述

4.1.1 矮林的概念

矮林并非林内树木生长得不高而得名,而是指它的起源属于无性更新。通常人们按林分起源将森林分为乔林和矮林。以播种或植实生苗方法形成的森林,称为乔林;以无性更新方法(营养繁殖法)形成的森林,称为矮林。矮林在无性更新盛期和一定年龄以前,林木高度不一定低于同树种、同立地条件下的乔林,甚至常常高于同树种、同立地条件下的乔林,只是相对于乔林而称之为矮林。与乔林相比,矮林的主要特点是早期生长迅速但衰老快。

4.1.2 矮林作业的意义

(1)能较快地获得薪炭材、编织条材、纸浆材、提取物用材等。薪炭材来源主要是矮林;编织条材来源主要靠矮林,一些纸浆材来源也靠矮林;单宁、樟脑等从矮林木材中提取获得得较多。

(2)矮林的枝叶是养殖业很好的饲料。矮林的叶可养殖桑蚕和柞蚕;矮林的枝叶可为一些野生动物特别是一些重要的食草动物提供嫩枝叶等食物。

(3)矮林可生产农用材、矿柱等。矮林是农村生产、生活、多种经营的重要林分,可为农村生产、生活提供各种木材。

(4)矮林提供好的水土保持林分。矮林枝繁叶茂,覆盖度大,在每次采伐作业后,能很快通过更新而覆盖地面,因此能有效地防止水土流失。

由于矮林在幼龄期生长迅速,林分达到最大平均生长量时期比乔林早,矮林中的树木成熟时容易树心腐朽,所以经营矮林往往用较短的伐期龄培育小径材,以获得较高的产量和较好材质的木材。

矮林生产的木材质量往往不如同树种同年龄的乔林;产量往往前几代的高于同年龄的乔林。矮林生产力降低,多见于多代萌生和老龄时期。当刺槐砍伐年龄为12年时,第一代萌芽林的材积比实生林的高43%,第二代萌芽林的材积比实生林的高24%,从第三代开始低于实生林的8%,第四代低于实生林的17%,如表4-11所示。

表4-11 刺槐实生林和不同世代萌芽林的生产力对比

林分起源	材积		干材出材率/%
	单位产量/（m³/hm²）	以实生林材积为100	
实生	33.0	100	26
萌生	47.2	143	26
第二代	41.0	124	20
第三代	30.4	92	16
第四代	27.4	83	7

长期以来，矮林生产的木材大多数是用作薪炭材、矿柱材。近代由于煤、石油、钢铁工业的兴起，薪炭材、矿柱材用量减少，人们对经营矮林的重视程度有所降低。但近来有人将矮林木材用作纸浆材、人造板原料、生物质原料等，效果不错，因此激起了人们对矮林作业的兴趣。今后随着工业用材林的快速发展，纸浆林、生物质产业原料林等宜采用矮林作业，因为萌芽更新和萌蘖更新形成的矮林，前几代的生物产量往往比同树种同年龄的乔林高。

4.2 矮林的形成与矮林作业法

4.2.1 矮林的形成

通常采用直播造林形成第一代乔林苗木，到矮林的工艺成熟龄将其砍伐，之后让伐根或根蘖萌生形成矮林。这样采伐几代，等到四代左右，萌芽、萌蘖林生产力衰退，清除伐根，重新直播造林，长到第一代采伐后重新形成矮林，继续实行矮林作业。如此循环往复，这样的林分就是矮林。

4.2.2 矮林作业法

矮林作业法指具有无性更新能力的树种组成的林分，采伐后利用母株的根蘖能力或伐桩的萌芽能力等无性更新方法形成新林的作业法。采伐时多实行皆伐，特殊情况可实行择伐。日本在常绿栎类林中，法国、瑞典在水青冈林中，经常应用择伐方式经营矮林。

形成矮林可采用的无性更新方法很多，如萌芽更新、萌蘖更新、压条更新、人工插条和理干造林等，但常用的是萌芽更新和萌蘖更新形成矮林的方法。萌芽更新是依靠伐根上的休眠芽或不定芽生长出萌芽条，发育成植株，实现更新。这取决于林木年龄，有萌芽能力的树种，其萌芽力总是在一定年龄时达到最强，往往在第四年也有较强的萌芽力。由根蘖形成的林木要比从伐桩上萌生形成的林木好得多，这些根蘖条几乎没有心腐病，间隔均匀，树干较通直。

矮林作业法一般要求林地比较肥沃，水分供应较好，以便频繁砍伐而不致引起地力衰退。但在造林难度大，需要防沙、固土、保水地区，也常采用矮林作业法，以达到既可发挥防护效益，又可获得经济收益的目的。另外，因为萌芽条易遭霜害，选择矮林作业法应尽量避开易遭霜害的林地。

4.3 经营矮林的技术措施

经营矮林的成败除与树种选择有关外，还取决于经营的技术措施。这些措施主要指采伐方式、采伐季节、采伐年龄、伐根高度、伐根断面。

4.3.1 采伐方式

皆伐是矮林经营的主要采伐方式。因为皆伐后迹地上光照条件比其他采伐方式的都好，充足的光照可促使休眠芽和不定芽萌发，以形成量多质优的萌芽条。在矮林作业中采用皆伐时，其皆伐的各个技术指标的确定和在乔林作业中是类似的，只是由于不借助天然下种更新，因此伐区不一定成带状，伐区也可宽些。确定伐区方向和采伐方向，主要考虑保持水土、克服风害和维持森林环境的作用。

矮林采伐有时也用择伐方式。矮林择伐常用于立地贫瘠、有水土流失的山地，或由中性、耐阴树种形成的林分。喜光树种不适于采用择伐方式，因为择伐会使林内萌芽条得不到较好的生长发育而衰亡。萌芽力较强的树种如柳、杨、桦木、刺槐、栎、杉木、蓝桉等形成的林分，适于皆伐；千金榆、椴、桤木、水青冈等树种组成的林分可考虑择伐（要与立地、气候等条件综合考虑决定）；在护堤、护路、护岸林中，为维持防护作用和观赏价值，也可采用择伐。

矮林采伐可根据当地具体情况选用不同的方式。平原地区可采用割灌机作业，以提高采伐效率，山地、堤岸多采用手工作业。

4.3.2 采伐季节

采伐季节的确定要遵循两个原则：一是在该季节采伐后产生的萌芽条数量多、质量好，能顺利实现更新；二是在该季节采伐有利于培养目标的实现。

矮林的采伐季节一般应选在树木休眠期，这是因为此时树木储藏物质多，早春能很快产生萌芽条，新条的生长经过整个生长季，到冬季来临时木质化程度高，可有效抵御冬季的严寒，减少冻害损伤，确保更新质量。同时，由于采伐是在非生长季进行，一切病菌的活动受到抑制，感染病害的可能性大大减小。如果在生长期采伐，萌芽条或许会多，但易感染病害，而且新条木质化程度不足，到冬天极易遭受冻害侵袭。

如果是特定目的经营的矮林，如为获取单宁，则生长季采伐为好，因为生长季树皮易于剥落，树皮中的单宁含量也较高。南方杉木林区的矮林，可于夏季采伐，据研究，杉木夏季采伐其萌芽力不会降低。另外，要注意不同树种、不同年龄采伐后萌芽条出现的时间和速度，以便采取措施，确保更新质量。幼树伐后出现萌芽条快，成年树木采伐后出现萌芽条较慢；林木采伐后一般2～4个月出现萌芽条，但成年橡树有时采后数年才萌发新条；柳树在采伐或平茬后，萌芽条几天后就可长出。

4.3.3 采伐年龄

矮林的采伐年龄往往依据培育目的而定，或依据矮林的生长发育规律而定。为获得编织条类的矮林，采伐年龄1～3年；生产农具柄或燃料用材，2～3年采伐；生产小规格材的矮林，采伐年龄一般在5～10年；立地条件好，培育较大径级用材的林分，可以根据其工艺成熟龄确定采伐年龄；经营薪炭林的矮林采伐年龄，应根据其数量成熟龄采伐。矮林的数量成熟龄比同树种乔林的小。从生长发育规律来看，矮林的采伐年龄应选在萌芽力减弱前的时间。如采伐过晚，不仅林木生长慢，而且病腐率增高。

4.3.4 伐根高度

确定伐根高度，要考虑多种因素。一般情况下，伐根高度以伐根直径的1/3为宜，这样以后可逐次略微提高，以便从新桩上再产生萌芽条。在一定高度范围内，伐根越高，萌芽条数量越多。但高伐根上的萌芽条不健壮，容易遭受风折、雪压等灾害，而且不能形成自己的新根。低伐根上发生的萌芽条较少，但可塑性大，生活力强，而且可有自己的新根系。从发育阶段理论看，越靠近伐根下部长处的萌芽条，年龄上越年轻。

确定伐根高度时，要慎重考虑气候条件。在暖湿气候地区，伐根应稍高些，以使伐根保持合理的温湿条件；在干燥、风大、寒冷地区，伐根就应低些，并用土覆盖伐根断面，避免伐根顶端干枯、冻伤。

4.3.5 伐根断面

伐根断面状况对更新质量影响很大，不可小视。伐根断面要平滑微斜，以防雨水在上面停留引起伐根腐烂。伐根断面倾斜的方向，应避风、避光。直径大的伐根，其断面可向多个方向倾斜。伐根断面不能劈裂和脱皮，因为劈裂和脱皮的伐根不仅易干枯而造成休眠芽死亡或不能正常萌发，而且劈裂处的萌芽条容易风折。另外，要想获得较多的萌芽条，可采用斧伐。据研究，斧伐伐桩萌芽条多于锯伐伐桩萌芽条。

4.4 经营矮林的特殊形式——头木作业和截枝作业

4.4.1 头木作业和截枝作业的概念

定期将距地面一定高度的树冠完全砍去利用，使之在砍伐断面周围萌发新枝条，形成新树冠，经过几次砍伐、几次伤口愈合，砍伐断面的愈伤组织逐渐增大成瘤状，形似人头，这种作业方法称头木作业。依据定义可知，头木作业的采伐不是自地面附近伐去树干，而是从树冠以下一定部位砍去树冠，留下全部或一部分树干。一般所留树干高度为1~4m。

截枝作业是在分枝上截断枝条利用。截枝作业和头木作业以及中国南方的鹿角桩作业法，都是矮林作业中的特殊形式。鹿角桩作业因多次砍伐分杈上的萌枝，使枝桩逐年增长，状似鹿角而得名。

4.4.2 头木作业和截枝作业的用途及方法

头木作业和截枝作业主要生产编织原料、栅栏杆、橡材、农具柄、薪炭材以及饲料、肥料。此外，紫胶的寄主树和提取樟脑的樟树林也采用头木作业。为了培育较大径级的用材，一般要经过疏枝抚育措施。头木作业和截枝作业的林分，到母株生长势衰退时应及时进行母株更新。母株更新时期的长短，因树种和立地条件而异，但最晚不要等到母株空心或腐朽时再更新，以便利用母株的干材。

4.4.3 不同地区、不同情况下的头木作业和截枝作业

大面积经营头木作业林和截枝作业林的情况不多，但在农村的四旁，却经常见到零散经营的这种林分或林木。这两种作业，适宜河岸、渠边的防护林；适宜在长期被水淹没的低洼地、河滩地上经营；也适宜易被牲畜啃伤的村旁、路旁和牧场林地的经营。行道树采用头木作业，不仅有方便交通、增加美观的作用，还可放慢树木生长速度，减少更新次数，抑制树木根系生长，减少根系生长过快对路况的破坏。我国常见的头木作业和截枝作业用的树种有柳、杨、榆、桑、悬铃木、铁刀木、菩提树、钝叶黄檀、云南樟等。

陕西省榆林市生产橡材，常用旱柳进行头木作业。旱柳是陕北地区的乡土树种，也是经过长期自然选择而保留下来的优良树种。具体做法是每年清明前后，选2~3年生、粗3~5cm的旱柳健壮树枝，截成2.5~3m长的栽子栽植于地畔、渠边，株距5m。当年新枝萌发后，剪去顶端30cm以上的枝条，第3年选留4~7个健壮通直的枝条培养橡材，到第8年伐下利用。以后每隔6~8年砍取1次，一般50年后生长衰退，即可进行母株更新。

4.5 常见的矮林类型

矮林根据经营目的划分为许多类型。依其主要培养用途，现就最常见的几种分别列举如下。

4.5.1 编织条林

编织条林是为生产编织条，将其用作编制箱、笼、篓、筐、笆的原料。各地以生产柳条的矮林见多。如河南省信阳市沿淮低湿地面积广阔，适宜发展杞柳种植。柳编制品具有一次性、无污染、手工制作等特点，符合国内外返璞归真的消费潮流。

编织条林可以当年扦插，当年采条；也可以5~10年后截去主干或分枝，利用根株萌芽产生新枝条，以后每年采条1次。

以柳树为例，柳树喜湿，柳条林多在河旁、池旁、溪边、堤岸和河滩地经营。为产生细长富有弹性的好条，柳条林的栽植密度宜大。一般杞柳类插条距离为行距40~50cm，株距10~20cm。常利用成年母树进行头木作业或截枝作业，在长期受水淹的低洼地、河滩地经营头木作业和截枝作业更为适宜。经营过程中要采取措施促使多生萌条，禁止疏枝（条）抚育。柳条林更新或复壮可借邻近植株压条。柳条林采条季节多在秋末，如用去皮条，则在生长季采条。

可从事矮林经营、生产编织条的树种除杨柳科的柳属树种外，还有柽柳科的柽柳、豆科的紫穗槐、木樨科的雪柳及白蜡树、马鞭草科的荆条、杨柳科的杨树等。

4.5.2 柞蚕林和桑蚕林

柞蚕是靠食栎树叶子而生的一种昆虫，柞蚕蚕茧可以缫丝织丝绸。柞蚕林是饲养柞蚕而经营的栎树矮林，因麻栎叶子硬化迟且较其他柞叶营养丰富，所以树种主要是麻栎。柞蚕林常兼作薪炭林，因为栎树的萌条是很好的燃料，也是烧炭的上等材料。我国劳动人民饲育柞蚕历史悠久、经验丰富，黑龙江、云南等许多省份都有饲养柞蚕的栎树矮林。

栎树择地不严，一般山地均可成林。柞蚕林宜选在地势较高、坡度较缓的阳坡或半阳坡，直播造林或育苗栽植均可。造林前认真整地，清除其他植物，每穴植苗3~4株，每公顷3300穴，水平等高成行，上下成品字形排列，待苗木地径达2~3cm时，进行第一次砍伐，可在冬季用镰刀紧贴地面从根颈处砍去，俗称小柞剃头，这样成树快。

柞蚕林常培养成不同的树型。有的采用伐根萌芽更新，当萌出若干枝条后，根据地区不同，生长到2~6年生时，进行轮伐更新。采伐时应于休眠期从树干基部距地面3~7cm处，将枝条全部伐去，使其萌发出丛生枝条，用于饲蚕。有的培养成放拐树型

（图4-4），利于放蚕。有的培养成头木作业林，通常待树木生长到2～5年生时，保留干高40～80cm，砍去上梢，使其萌发新枝，以后每隔数年，将桩干上的枝条砍去更新。

桑蚕林是为采摘枝条上的桑叶喂蚕而培育的桑树林，常采用矮林作业，有头木作业、截枝作业（图4-5）、鹿角桩作业等。

图4-4 柞蚕林放拐树型

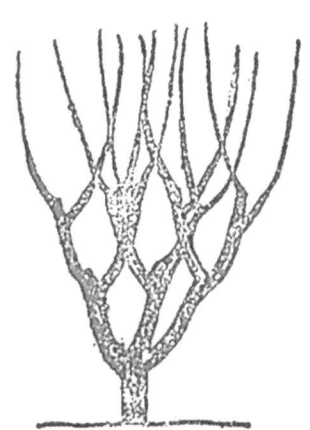

图4-5 桑蚕林截枝作业

4.5.3 薪炭林

以生产薪炭材为主要目的的矮林称为薪炭林。薪炭林生产木材作燃料具有可再生性，以麻栎、青冈栎、蒙古栎、铁刀木、刺槐等树种较常见。

经营薪炭林多采用一般矮林形式，即自根际附近截干，因为这样便于每年砍伐。薪炭林栽植密度较大，培育方法相对简单，如麻栎薪炭林每公顷接近10000株，生长至3～4年时进行平茬，每墩留条1～2株，每隔10～15年采伐更新，如此循环反复。薪炭林生长衰弱后应及时进行母株更新。

薪炭林采伐年龄不严格，如兼获其他材种，应以工艺成熟龄为采伐年龄。例如，麻栎矮林，采伐年龄应以烧炭要求确定；铁刀木矮林，可以采薪，可以培育修房舍用的中、小径材，可以经营用材林和防护林，采伐年龄应根据不同材种要求确定。

薪炭林经营目的不仅是给山区、林区居民直接提供生活燃料，还有可能作为林业生物质能源的原料林开发利用。

4.5.4 小规格材林

小规格材指椽材、矿柱、农具用材等。培育小规格材的林分，常经营为矮林。萌芽力强的阔叶树种都宜培育为小规格材的矮林。小规格材林的采伐年龄，主要以目的材种的工艺成熟龄为准。培育方法以铁刀木为例，植苗后3～5年，树高达5m，胸径达6～7cm时进行定干，定干高度为40～60cm。砍伐后，每个树桩可萌发出几个至十几个枝条，以后可根据需要，每隔若干年采伐更新。

4.6 矮林作业评价

4.6.1 优点

（1）生长快，伐期龄短，可以得到比乔林更多的薪炭材和小径材，适于需要小径材和燃料的农村经营。

（2）更新容易，木材成本低，技术简单，可充分利用空地，便于四旁栽植。

（3）经营年限适当，可提高林地生产力。因为矮林早期生长快，前几代生产力高。

（4）土壤瘠薄的地段，不宜培育大径材，可以经营矮林。

（5）采伐面积不受限制。

4.6.2 缺点

（1）不适于培育大径材，后期生产力低。

（2）木材质量较差，材种价值低，容易出现弯曲、病腐现象。

（3）长期经营矮林会导致土壤肥力下降，因生长迅速消耗营养多。

（4）选用树种受到限制，只适于具有无性更新能力的树种（一般多为阔叶树）。

（5）要将一片矮林换成一个改良品系比较困难，因为有的根、桩会继续萌发。

实训情境

1. 实训内容

在教室或实训教室学习，通过多媒体演示矮林图片辅助学习。之后到实习林场（或民营林区）选择有荆条（或其他能做编织条并具有萌芽能力的灌木）、有栎树（或其他能生产小规格材且具有伐根萌芽能力的乔木树种）且达到矮林采伐年龄的乔灌混交林分，进行现场学习与动手操作。

2. 实训材料

皮尺、围尺、镰刀、双刃刀锯、绳子、铅笔、纸张等。

3. 实训场景

在实训林分内进行编织条林和小规格材林皆伐采伐练习。由于矮林采伐有采伐时间和采伐季节限制，如课程进度没有赶在适宜采伐季节，可以学习林区技术人员现场的讲解为主，进行少量采伐练习，将少量采伐练习的树木作为试验比较，观察研究适宜季节和非适宜季节采伐后萌芽条的数量、质量等。

任务实施

1. 实施过程

第一步：树种识别和选择。根据形态特征识别荆条与栎树，根据生物学特性确认哪些荆条、栎树可实施矮林作业，林分内其他乔木如榆树、松树，灌木如胡枝子等不能采取矮林作业。从第一步开始要进行记录。

第二步：识别树龄。荆条作为编织条，在不同立地条件下采伐年龄2~3年或3~5年；蒙古栎作为小规格材采伐年龄一般10~15年。根据生长特性现场观察确定，或伐样树查年轮确定。

第三步：选择采伐季节。应在休眠期采伐，此时采伐一方面新材充分木质化、材质好，另一方面有利于提高萌发新苗的数量与质量。

第四步：确定伐根高度。用围尺量树木根部直径，用皮尺确定伐根高度为根部直径的1/3。

第五步：动手采伐。采荆条镰刀放在南边确定位置，用力斜向一刀割断，断面与地面夹角为30°~45°，要求做到断面向阳、光滑不带皮。采伐栎树，首先要在树枝上拴一条绳子，一人手握绳子控制树倒方向，确保采伐过程中人身安全，接着将锯放在树的北边确定位置，斜向下使断面与地面夹角为30°~45°，锯1/3后拔出锯，接着在断面终端的南端斜向上锯1/5后将锯拔出，再从断面的北端入锯将树彻底锯断，同样要求断面向阳、光滑不带皮。

归纳总结：矮林作业是一个需要较长时间的过程，本次实训只是整个作业过程中的一个环节——采伐作业。这次实训主要应掌握5个技术要点，即经营矮林的树种选择、采伐时间、采伐季节、伐根高度、断面要求。

2. 成果提交

提交一份荆条、栎树矮林作业采伐过程的实训报告，要求把采伐过程写完整，技术要点写清楚，理论依据写明白。

拓展知识

矮林作业是指在林木生长过程中，为了培养林木的株高，采取一系列的管理措施，使森林内部形成较为平均分布的矮林结构，以实现优质木材的生产和森林生态系统的可持续发展。矮林作业是现代林业管理的一种重要手段，旨在优化森林资源的利用和管理，提高森林经济效益和生态环境质量。

矮林是指森林中树木的株高相对较低的一种结构。与高林相比，矮林的树木株高较低，林冠较矮小，形成了相对较稠密的林木分布。相比之下，矮林更适合于生产优质木材和维护良好的生态环境。矮林作业则是通过一系列的管理活动来创造和维持这种矮林结构。

矮林作业包含了多个方面的内容，其中包括定期疏伐、间伐、造林等。定期疏伐是指按照一定的疏伐强度和周期，选择树龄适宜的树木进行疏伐，有利于优胜劣汰，促进优质个体的生长。间伐是指在森林中选取一部分树木进行移除，以减轻竞争压力，为优质树木提供更充足的生长空间。而造林活动则是通过人工种植或天然更新等方式，补充营造适宜的矮林结构。

矮林作业在实践中对森林的经济和生态效益都有着重要的影响。首先，矮林作业可以提高森林优质木材的产量和质量。通过定期疏伐和间伐，优胜劣汰的原则可以得以实施，将养分和水分等资源集中供给优质木材，从而提高木材的质量。矮林的结构也可以减轻林木之间的竞争，促进优质木材的生长，进一步增加木材产量。矮林作业对于森林的生态恢复和保护也具有重要意义。矮林结构相对较稠密，可以提供更多的栖息空间，有利于物种多样性的维护。定期疏伐和间伐可以减轻树木之间的竞争，提供更加良好的生长环境，有助于森林植被的恢复和更新。通过合理的矮林作业措施，可以保护土壤，减少水土流失，维护水源地生态环境的稳定性。

然而，矮林作业也存在一些挑战和问题。矮林作业的效果往往需要长时间的积累和实践才能显现出来。林木的生长速度有限，矮林结构的形成需要经历多个林分周期。此外，由于森林生态系统的复杂性，矮林作业在实践中也需要综合考虑多种因素，包括地理环境、物种特性、土壤条件等，以制定合适的管理措施。

综上所述，矮林作业是一种重要的林业管理手段，旨在通过一系列的活动，创造和维持森林中的矮林结构，以提高木材的质量和数量，并保护森林生态系统。矮林作业需综合考虑多种因素，同时也需要长期积累和实践，才能产生理想的效果。随着科技的不断进步和对矮林作业理念的深入研究，相信矮林作业将在未来的林业管理中发挥越来越重要的作用。

巩固训练

（1）对本次实训采伐树木进行后续观察研究，对伐根上萌芽苗的数量和生长状况进行观察、记录、描述，对照经营理论对实训效果进行鉴定。

（2）对本地区农村、城市的头木作业、截枝作业情况进行调查，如城市行道树悬铃木的头木作业，风景林柳树的头木作业，护岸、护渠树的头木作业，桑蚕林的截枝作业等。

例如，城市行道树悬铃木的头木作业如下。

①调查悬铃木的生物学特性及作为行道树的利弊：悬铃木被称为行道树王，枝叶繁茂、树冠庞大、生长快、绿荫效果好，对立地条件要求不严，耐干旱、耐瘠薄、病虫害少，便于管理，是宽生态幅树种，适宜城市土壤栽培；同时，也是观叶、观干、观冠树种，能美化环境。不足之处在于，悬铃木进入生长的中后期所结的大量球果飘散后，污染空气；另外，对应于地上部分的生长快，地下的根系生长也快，常常撑破地面，使道路凸起裂缝。

②利用悬铃木萌芽力强的生物学特性进行头木作业：首先在幼树阶段从离地面2～3m处截冠，抑制地上部分生长，也抑制地下部分生长，使其没有明显的主干。若干年后将截干处大部分萌生枝伐掉，仅留2～3个。若干年后再将树冠上的2～3个主枝留桩30～50cm截掉。这样做是头木作业的一个变型。其作用是：树形好看，延长树木幼中龄时间，抑制地下部分生长保护路面，延长更新时间，减少更新次数等。

项目5

封山育林技术

任务1　封山育林设计

● 任务描述

该任务是在小班调查的基础上，根据立地条件以及母树、幼苗、幼树、萌蘖根株等情况，把因人为干扰而形成的疏林地以及乔木适宜生长区域内达到封育条件且乔木树种的母树、幼树、幼苗、根株占优势的无立木林地、宜林地封育为乔木型封育林地，以通过一段时间的封山育林之后，使原有森林发展成为更理想的乔木林。本任务需要对林地进行调查，然后按照相关规程进行模拟或实际操作，按要求完成一至数块林地的封山育林作业设计工作及管护方案编制等。

● 任务目标

1. 了解封山育林的概念。
2. 熟悉封山育林的适用条件、封育类型及封育方式。
3. 初步掌握乔木型封山育林的调查方法及成效调查技术。
4. 掌握封山育林内业整理及作业设计的程序、封山育林成效评定标准和封山育林档案管理等方面的工作方法。

● 知识准备

1.1 封山育林的概念及意义

1.1.1 封山育林的概念

封山育林是对具有天然下种或萌蘖能力的疏林以及无立木林地（分为采伐迹地、火烧迹地等）、宜林地、灌丛地实施封禁，保护植物的自然繁殖生长，并辅以人工促进手段，促使恢复形成森林或灌草植被；以及对低质、低效有林地和灌木林地进行封禁，并辅以人工促进经营改造措施，以提高森林质量的一项技术措施。

低效林是因自然或人为因素导致生态公益林效能低下的森林。其中，在自然状态下因立地条件较差或生长环境恶劣而自然形成的低效林为原生型低效林；因人为干扰或种质低劣、经营管理不当而形成的低效林为经营型低效林。低质用材林是以生产林产品为主要经营目标，因受人为因素的直接作用或诱导自然因素的影响，造成林分经济产品产量低、质量差，明显低于所在立地条件应有生产力水平的林分。

1.1.2 封山育林的意义

封山育林主要依靠自然力恢复森林，既遵循了森林发展规律，又兼顾了经济效益，是一项多快好省地提高森林覆盖率、发挥林分多种效益的特种育林方式，具有如下优越性。

（1）有利于稳定和发挥生态系统自我调节功能。封山育林基本保持了原有的构成生态系统主体的森林植物群落，没有破坏原有物质、能量的循环系统和林木赖以生存的生态环境。因此，通过封山育林培育出来的林分，一般都具有较强的自动调节能力和较稳定的性状，能形成防护性能好、生产力高的森林生态系统。

（2）有利于保护物种资源。育林不破坏植被，既可以保护原有的树种资源，又能形成混交林，是保护珍稀树种和生物多样性的重要途径。

（3）可以减少森林病虫害。封山育林使林分结构、林内气候改善，有利于天敌繁殖，不利于病虫滋生发展，特别是对控制分布最广的松毛虫危害有重要作用。

（4）省工、成本低、收效快。实践证明，投入同样劳动力进行封山育林所得到的森林面积，可以比人工造林面积多5~10倍。人工造林进度慢，遇到不利自然条件，森林成活还没有保证；而封山育林，无论多大面积，几乎都可以同时封育，大大加快了绿化进程，这种快速大面积地恢复植被所带来的生态效益更是无法估算的。而且在实际工作中，封山育林又省去了育苗、运输、假植、保护、林地整理、幼苗管理等多项繁杂工序，从封山育林到成林成材，其成本只有人工造林成本的1/10~1/6。

（5）有利于生态效益的发挥。封山育林保存了原有的浓密植被，可以减少土壤侵蚀，利于涵养水源和保持水土。同时，封山育林形成的是多层结构的混交林，保持了微生物滋生的生态环境，具有改良土壤、增加土壤肥力的功能。

（6）有利于尽快发挥经济效益。很多山区或半山区人力、资金短缺，若全靠人工造林，显然是无能为力的，但是封山育林就可大大加快绿化速度，既能在短期内使疏林地、灌木林地、采伐迹地和火烧迹地形成新的森林植物群落，又能速生丰产，有助于发挥山区林业生产的优势，增加群众收入。

1.1.3 封山育林的常用术语

（1）无林地和疏林地封育。无林地和疏林地封育指对宜林地、无立木林地、疏林地实施封禁，并辅以人工促进手段，使其形成森林或灌草植被的一项技术措施。

（2）有林地和灌木林地封育。有林地和灌木林地封育指对低质、低效有林地和灌木林地实施封禁，并采取定向培育的育林措施，即通过保留目的树种幼苗、幼树，适当补植改造，并充分利用生态系统的自我修复能力提高林分质量的一项技术措施。

（3）封育区。封育区指实施封育措施的林地。

（4）在封区。在封区指当年正在实施封育的封育区，包括原封区和新封区。

（5）原封区。原封区指非当年开始封育且封育时间未达到封育年限的封育区。

（6）新封区。新封区指当年新增的封育区。

（7）解封区。解封区指达到封育年限后，解除封育措施的封育区。

（8）续封区。续封区指达到封育年限后，继续采取封育措施的封育区。

（9）封育年限。封育年限指达到封育标准所需要的年限。

（10）全封。全封指在封育期间，禁止实施除育林措施以外的一切人为活动的封育方式。

（11）半封。半封指在封育期间，林木主要生长季节实施全封，其他季节按作业设计进行樵采、割草等生产活动的封育方式。

（12）轮封。轮封指在封育期间，根据封育区具体情况将封育区划片分段，轮流实行全封或半封的封育方式。

（13）封育类型。封育类型指通过封育措施，封育区预期能形成的森林植被类型，按照培育目的和目的树种比例分为乔木型、乔灌型、灌木型、灌草型和竹林型5个封育类型。

1.2 封山育林的理论

1.2.1 近自然林业理论

近自然林业理论起源于德国，其核心在于要考察现有的森林，对考察中的森林加以细心缓和地调控。从生态学上看，干扰森林可理解为森林生态系统中闯入了外来者，它要损害森林生态系统。尽管森林需要它，其作用还是妨碍性的。因此，不论干扰是物理式的、方法论式的或是技术式的，这些外来者都应该采用抚育的想法植入进来。这样自然系统的反抗才会弱一些，费用才会低一些，生态上的妨碍性才会平和一些，森林经营成效才会更好一些。

1.2.2 限制因子理论

生态因子是指环境中对生物生长、发育、生殖、行为和分布有直接或间接影响的环境要素，其是生物生存所不可缺少的环境条件，有时又称为生物的生存条件。所有生态因子构成生物的生态环境。

生物的生存和繁殖依赖于各种生态因子的综合作用，其中限制生物生存和繁殖的关键性因子就是限制因子。任何一种生态因子只要接近或超过生物的耐受范围，它就会成为这种生物的限制因子。系统的生态限制因子强烈地制约着系统的发展，在系统的发展过程中往往同时有多个因子起限制作用，并且因子之间也存在相互作用。

在封山育林工作中，要充分考虑影响封山育林成果的各种生态因子，找出其中的关键因子，然后再补充人工措施促进其进展演替，改变其限制作用，才能得到预期的封山育林效果。而且，明确生态系统的限制因子，有利于封山育林的设计和技术手段的确定，并可缩短封山育林生态恢复所必需的时间。

1.2.3 森林群落演替理论

森林的发展和衰败变化都有它的规律性，这种规律性就是森林群落演替。按森林演替的性质和方向，森林群落演替分为森林群落进展演替和逆行演替。影响森林群落演替的原因有自然因素和人为因素两大方面。

目前，我国引起森林演替的原因大部分是人为因素，如原有森林群落遭到人为干扰破坏发生逆行演替。若人为干扰强度过大，并反复产生，就会使林地自然环境恶化，出现荒山，甚至最后形成没有土壤的原生裸地。而在这样的植物群落演替过程中，要经过不同的阶段，如首先是原生裸地，然后形成草本植物群落，最后形成森林群落。这就是森林群落演替的规律，越往前面的阶段，演替需要的时间也就越漫长；而越往后面的阶段，演替需要的阶段就越短暂。如原有森林遭到一次或两次破坏，只要停止继续破坏，或经过人为封禁得到休养生息的机会，就会产生进展规律。这个自然规律的关键，就是要在森林发生逆行演替的时候，及时地制止森林继续遭到破坏，使之得到恢复的机会。

封山育林就是在这个理论的指导下开展的。利用这个自然规律，把遭到破坏后留下的疏林、灌丛和荒山迅速封禁起来，使它免遭继续破坏，得到恢复的时间，同时施加适当人为的补植补播、防止火灾、防治病虫害等育林措施，来加速植物群落的进展演替过程，从而达到恢复良好森林结构、扩大森林资源、发挥森林多种效益的目的。

1.2.4 生态适宜性原理和生态位理论

（1）生态适宜性原理。生物由于经过长期与环境的协同进化，对生态环境产生了生态上的依赖，其生长发育对环境产生了要求。如果生态环境发生变化，生物就不能较好地生长，在长期对自然环境的适应过程中，生物随之产生了对光、热、温度、水、土壤等的依赖性，这就是生态适宜性原理。例如，有一些植物是喜光植物，而另一些则是喜阴植物；一些植物是酸性土植物，而另一些植物可能是碱性土植物；一些植物是喜温植物，另一些植物可能是耐寒植物；一些植物是耐旱植物，另一些植物是湿生植物等。

总之，不同的植物有不同的环境需求，而森林能提供多样性的生物生存环境，使不同的植物和动物能在森林中生存。如果森林遭到破坏，随之而来的就是许多生物失去了原有的生活环境，从而逐渐灭亡。封山育林就是确保这样的环境不被破坏的有效途径。

（2）生态位理论。生态位是生态学中的一个重要概念，主要指在自然生态系统中一个种群在时间、空间上的位置及其与相关种群之间的功能关系。这一概念最早是由美国学者格林内尔于1917年在生态学中所使用的，后来随着研究的不断深入，这个概念逐渐得到补充和发展，用以表示划分环境的空间单位和一个物种在环境中的地位。英国生态学家哈钦森于1958年发展了生态位概念，提出多维生态位。他以物种在多维空间中的适合性确定生态位边界，这样对如何确定一个物种所需的生态位变得更清楚了。哈钦森的生态位概念目前已被广泛接受。因此，生态位可表述为：生物完成其正常生命周期所表现的对特定生态因子的综合位置，即用某一生物的每一个生态因子为一维，以生物对生态因子的综合适应性为指标构成的超几何空间。封山育林可以保护森林中原有生态位的完整性，从而为森林的生物多样性奠定基础。

由乡土树种组成的森林群落往往是经过长期自然选择形成的最优植被组合，它们自身的生存条件最适合当地的自然环境，各个树种在生态位上避开竞争，充分利用时间、空间和资源，更有效地利用环境资源，维持生态系统长期的生产力和稳定性。而封山育林就是要恢复这样的森林群落，因此，利用生态适宜性原理和生态位理论来指导封山育林工作，能够明确指导思想，从而加快封山育林进程。

总体来说，封山育林无论在理论上还是在实践上，都得到了有力的支持和充分的验证。

1.3 封山育林的适用条件

1.3.1 宜林地、无立木林地和疏林地的封育条件

（1）有天然下种能力且分布较均匀的针叶母树每公顷30株以上或阔叶母树每公顷60株以上；如同时有针叶母树和阔叶母树，则将针叶母树株数除以30，阔叶母树株数除以60，两者之和若大于等于1，则符合条件。

（2）有分布较均匀的针叶树幼苗每公顷900株以上或阔叶树幼苗每公顷600株以上；如同时有针阔幼苗或者母树与幼树，则按比例计算确定是否达到标准，计算方式同上。

（3）有分布较均匀的针叶树幼树每公顷600株以上或阔叶树幼树每公顷450株以上；如同时有针阔幼树或者母树与幼树，则按比例计算确定是否达到标准，计算方式同上。

（4）有分布较均匀的萌蘖能力强的乔木根株每公顷600个以上或灌木丛每公顷750个以上。

（5）有分布较均匀的毛竹每公顷100株以上、大型丛生竹每公顷100丛以上或杂竹覆盖度10%以上。

（6）不适于人工造林的高山、陡坡、水土流失严重地段及沙丘、沙地、海（湖）岛、江河泥质滩涂等经封育有望成林（灌）或增加植被盖度的地块。

（7）分布有国家重点保护Ⅰ、Ⅱ级树种和省级重点保护树种的地块。

1.3.2 有林地和灌木林地封育条件

（1）郁闭度小于0.5的低质、低效林地。

（2）有望培育成乔木林的灌木林地。

1.4 封育类型

（1）乔木型。因人为干扰而形成的疏林地以及乔木适宜生长区域内，达到封育条件且乔木树种的母树、幼树、幼苗、根株占优势的无立木林地、宜林地应封育为乔木型。此外，有林地和灌木林地应封育成乔木型。

（2）乔灌型。其他疏林地以及在乔木适宜生长区域内，符合封育条件但乔木树种的母树、幼树、幼苗、根株不占优势的无立木林地、宜林地应封育为乔灌型。

（3）灌木型。乔木适宜生长上限，符合封育条件的无立木林地、宜林地应封育为灌木型。

（4）灌草型。立地条件恶劣，如高山、陡坡、岩石裸露、沙地或干旱地区的宜林地段应封育为灌草型。

（5）竹林型。符合毛竹、丛生竹或杂竹封育条件的地块应封育为竹林型。

1.5 封育方式及年限

1.5.1 封育方式

（1）全封。全封即死封，是一种较长期性的育林形式，做法是在封育期内禁止采伐、砍柴、放牧、割草和其他一切不利于林木生长繁育的人为活动。其封育期可根据郁闭成林的情况和所需年限加以确定。全封适用于边远山区、江河上游、水库集水区、水土流失严重地区、风沙危害特别严重地区，以及恢复植被较困难的地区。

（2）半封。半封是在林木生长季节实施封禁，其他季节在严格保护目的树种幼苗、幼树的前提下，可有计划、有组织地砍柴、割草。半封分为季节性封和活封：季节性封是在封育期内，在不影响森林植被恢复的前提下可在一定季节（一般在冬季休眠期）让群众有计划、有组织地进行樵牧和开展多种经营管理，并坚持只准砍柴割草、务必保护目的树种的原则；活封就是只封禁目的树种，不封禁非目的树种，注意保护幼苗、幼树。半封方式一般适用于有一定目的树种、生长良好、林木覆盖度较大的封育区，适用于封育用材林。

（3）轮封。轮封是根据群众性生产需要，把具备封山育林条件的整个封育区划分片段，轮流封育。在不影响育林要求和水土保持的前提下，再逐段定期开放，实行轮放。轮封适用于当地群众生产、生活和燃料等有实际困难的非生态脆弱区的封育区，适用于封育薪炭林。

1.5.2 封育年限

树种天然更新、成林年限和更新方式，与不同树种幼苗、幼树的生长速度密切相关。一般萌芽更新只要1~2个生长季即可，而以天然下种为主的更新方式则需要3个以上的结实大年。成林年限不但与针阔叶树种有关，而且和速生、中生与慢生树种有关，并和林地的自然条件好坏有关，一般以林分在合理密度下达到郁闭且能生产出小材小料为准。根据封育区所在地域的封育条件和封育目的确定封育年限，一般封育年限见表5-1。

表5-1 封育年限

封育类型		封育年限/年
无林地和疏林地封育	乔木型	6~8（南方）；8~10（北方）
	乔灌型	5~7（南方）；6~8（北方）
	灌木型	4~5（南方）；5~6（北方）
	灌草型	2~4（南方）；4~6（北方）
	竹林型	4~5
有林地和乔木林地封育		3~5（南方）；4~7（北方）

1.6 封山育林规划设计

1.6.1 封育区规划

在林业发展规划、土地利用规划及森林经营方案的基础上，结合已有资料或调查资料，进行封山育林规划。规划内容主要包括封育范围、封育条件、经营目的、封育方式、封育年限、封育措施及封育成效预测等。规划成果应报上级林业主管部门或所在县人民政府审批，合格后作为封山育林作业设计的依据。

1.6.2 封山育林作业设计

封山育林作业设计过程一般分为准备工作、封育区调查和小班设计等阶段。进行作业设计的单位要根据上级下达的封育任务，编制作业设计委托书。

（1）准备工作。

①建作业设计队伍：聘请有林业调查规划设计资质的设计队伍完成作业设计，设计单位要确定负责人、参加人员、配合人员，组织技术培训。

②基本情况收集：

a. 自然环境条件：包括封育区的气候、地形、地貌、土壤等。

b. 社会经济条件：包括当地人口分布、交通条件、农业生产状况、人均收入水平、农村生产生活用材、能源和饲料供需条件、当地社区森林管护制度和办法及今后当地发展前景、村民的愿望等。

c. 植被状况：包括当地曾分布的自然植被类型、现有天然更新和萌蘖能力强的树种分布情况，以及森林火灾和病虫鼠害等。

在全面了解封山育林范围内的自然环境条件、社会经济条件和植被状况的同时，收集以下资料：过往森林资源调查及专业调查的成果材料；过往林业生产经营档案，相关项目的可行性研究、规划设计文件等；有关技术经济指标、定额、相关规定文件。

③仪器工具、图表及其他用品准备：包括调查设计用表、办公用品、野外工作手图、卫星影像图及航空照片、罗盘仪、手持GPS等。

（2）封育区调查。区划作业小班，小班内母树、幼树、幼苗、根株数量与分布状况调查采用样圆（方）实测方法。

①样圆（方）设置：在小班内机械布设调查样圆（方），设置的调查样圆（方）面积以$10m^2$为宜，数量按小班面积确定，具体要求见表5-2。

表5-2　调查样圆（方）数量

小班面积/hm²	<5	5~10	11~19	>20
样圆（方）数量/个	>6	>8	>10	>15

②样圆（方）调查项目：记录样圆（方）内母树树种、株数；竹类名称、株（丛）数及杂竹覆盖度；灌木树种、丛（株）数、盖度；国家重点保护树种、株数；幼苗和幼树的树种、株数；萌芽乔木树种、兜数等，具体要求见表5-3。

表5-3 封山育林小班现状调查记载

封育单位		村或林班号		小班号	
小地名		图幅号		小班面积/hm²	
地形	海拔/m		土壤	土壤面积/hm²	
	坡向			土层厚度/cm	
	坡位			酸碱度	
	坡度/(°)			母岩母质	
年均气温/℃		年均降水量/mm		立地类型	
林地权属		封育类型		始封年度	
林木权属		封育方式		封育年限	
期初地类		期初郁闭(盖)度		优势树种(组)	
期末地类		预期郁闭(盖)度		工程与类别	

调查年度	现有母树(竹)				现有幼苗、幼树(竹)				灌木			草木		灌草总盖度	郁闭度	保护树种登记
	树种	每公顷株数/株	平均年龄/年	平均高/m	平均胸径/cm	树种	每公顷株数/株	平均年龄/年	平均高/m	平均胸径/cm	树种	每公顷株(丛)数/株	覆盖度/%	草种	盖度/%			

封育措施	
病虫鼠害状况	
备注	

调查员：_____ 调查时间：_____

③统计计算：调查小班的母树、幼树、幼苗、竹(丛)、灌丛等因子。

封育区调查应在森林资源规划设计调查的基础上，尽量利用已有各类调查资料，不能满足需要的情况下进行补充调查。在拟封山育林的重点地域布设调查线路，对土壤、植被、气候、地质地貌等有针对性地进行详细调查，根据已有的资料和补充调查结果编制封育类型表和封育措施类型表，有补植补播的编制补植补播类型表。封育类型表主要根据立地条件、封育目的和地类编制；封育措施类型表根据封育对象确定的封育类型编制。

（3）小班设计。

①根据封育区条件，确定各封育小班的封育类型，对编制的封育措施类型表进行核实和修改。

②根据封育区条件，确定封禁措施和育林措施，包括机械围栏、生物围栏、检查哨卡和补植补播树种、平茬复壮树种等，并在外业工作手图和封山育林区小班现状调查表标示和记录。

③根据封育区情况和需要，确定主次防火线位置或设计防火林带，并在外业工作手图上布线。

④对补植补播的封育面积进行种苗供需设计，包括种苗需求测算和种苗供应设计。

（4）设计文件组成。封山育林作业以封育区为单位，设计文件主要包括以下内容。

①封育区范围：确定封育区面积与四至边界。

②封育区概况：明确封育区自然条件、森林资源和封育区地类与规模等。

③封育类型：根据封育区条件确定封育类型，以小班为单位按封育类型统计封育面积。

④封育方式：根据当地群众生产、生活需要和封育条件，以及封育区的生态重要程度确定封育方式。

⑤封育年限：根据当地封育条件、封育类型和人工促进手段，因地制宜地确定封育年限。

⑥封山育林建设内容：包括根据封禁措施设置的标牌、围栏（生物围栏和机械围栏）、桩、检查哨卡（管护房）、宣传材料（标语）等；根据育林设计的补植、补播、平茬复壮、促进整地面积等；根据森林保护设计的防火线、病虫鼠害防治药器以及人工巡护面积等。

⑦施工组织及进度安排：包括组织管理单位、组织形式、实施单位和资金、人员、设施、防火、防病虫害防治以及用工量测算等。

⑧投资概算及封育效益评价：根据封山育林设施建设规模和管护、育林、培育管理工作进行投资概算，并提出资金来源和筹措办法。对封育效益按封育目的，估测项目实施的生态、经济与社会效益。

⑨保障措施：包括组织保障措施、技术保障措施和质量保障措施等。

⑩作业设计附表：封山育林作业设计至少应编制以下统计表，详见表5-4至表5-8。

表5-4 封山育林小班作业设计一览表

封育单位（乡镇或林场）	村或林班号	小班号	地类	封育类型	培育树种（乔、竹+灌+草）	封育方式	始封年度	封育年限/年	封禁措施				育林措施								
									机械围栏/m	生物围栏/m	检查哨卡/个	其他	补植		补播		平茬复壮		人工促进整地面积/hm²	其他	
													树种	面积/hm²	定植模式	树种	面积/hm²	定植模式	树种	面积/hm²	

填表人：_____　　填表时间：_____

表5-5 封山育林面积（按封育类型统计）　　　　　　　　　　　　单位：hm²

单位	有林地和灌木林地封育			无林地和疏林地封育					
	小计	有林地	灌木林地	小计	乔木型	乔灌型	灌木型	灌草型	竹林型

填表人：_____　　填表时间：_____

表5-6 封山育林面积（按封育方式、封育措施和育林措施统计）

单位	封育方式			封禁措施				育林措施				
	全封/hm²	半封/hm²	轮封/hm²	机械围栏/m	生物围栏/m	检查哨卡/个	其他	补植/hm²	补播/hm²	平茬复壮/hm²	人工促进整地/hm²	其他

填表人：_____　　填表时间：_____

表5-7 封山措施（按封育类型统计）

封育类型	封育方式			封禁措施				育林措施				
	全封/hm²	半封/hm²	轮封/hm²	机械围栏/m	生物围栏/m	检查哨卡/个	其他	补植/hm²	补播/hm²	平茬复壮/hm²	人工促进整地/hm²	其他
合计												
无林地和疏林地封育 小计												
乔木型												
乔灌型												
灌草型												
竹林型												
乔林封育												
灌木封育												

填表人：_____ 填表时间：_____

表5-8 封山育林面积（按地类型统计） 单位：hm²

单位	封育面积合计	有林地	疏林地	灌木林地	无立木林地	宜林地	备注

填表人：_____ 填表时间：_____

⑪附图：封山育林作业设计图以乡（镇、场）为单位编制，面积过大或封育地块分散，可按林业地图图式或其他有关规定标明图式，主要包括封育范围、林班和小班界线等内容。注记主要因子为小班号、小班面积、主要培育树种（乔、灌、草、竹）、封育类型、方式、年限等。

各地可根据本地实际和具体情况，增减内容。

1.7 封山育林作业

1.7.1 封育组织管理

（1）封育规划设计文件应根据每个项目的不同管理要求，由经营单位或经营者向地方林业主管部门逐级汇总报批后执行。工程项目按工程管理程序进行；一般项目可根据实际需要从简。

（2）以封育区的经营单位或经营者为主实施封育，鼓励多种形式组织联合封育，如图5-1所示的封山育林区。

（3）封育期间，经营单位或经营者应定期观测封育效果，根据观测情况可按有关程序报批后及时调整封育措施。

（4）封育期满后，各级林业主管部门及时负责组织检查及成效调查验收。

图5-1　封山育林区

1.7.2 封禁措施

（1）警示。封育单位应明文规定封育制度并采取适当措施进行公示。同时，在封育区周界明显处应竖立坚固的标牌，标明在封区四至范围、面积、年限、方式、措施、责任人等内容。封育面积100hm^{2}以上至少应设立1块固定标牌，人烟稀少的区域可相对减少。

（2）人工巡护。根据封禁范围大小和人、畜危害程度，设置管护机构和专职或兼职护林员，每个护林员管护面积根据当地社会、经济和自然条件确定，一般为100~300hm^2。在管护困难的封育区可在山口、沟口及交通要塞设哨卡，加强封育区管护。

（3）设置围栏。在牲畜活动频繁地区，可设置机械围栏、围壕（沟）或栽植乔、灌木设置生物围栏进行围封。

（4）设置界桩。封育区无明显边界或无区分标志物时，可设置界桩以示界线。

1.7.3 人工辅助育林

（1）无林地和疏林地育林。

①人工促进天然更新：对封育区内乔、灌木有较强天然下种能力，但因灌草覆盖度较大而影响种子触土的地块，可进行带状或块状除草、破土整地或有计划、有组织地炼山整地；对有萌蘖能力的乔、灌木幼树和母树，可根据需要进行平茬或断根复壮，以增强萌蘖能力。

②补植或补播：对封育区内自然繁育能力不足或幼苗、幼树分布不均匀的间隙地块，应按封育目的要求进行补植或补播。

③特殊区域育林措施：在沙地封育区，可在风沙活动强烈的流动沙地（丘）采取沙障固沙等措施促进封育；对干旱区的封育区，在有条件的区域可开展引洪灌溉抚育，促进母树和幼树、幼苗生长。在封育年限内，根据当地条件，对符合封育目标或价值较高的乔、灌树种，可重点采取除草松土、除蘖、间苗、抗旱等培育措施。

（2）有林地和灌木林地育林。对封育区树木株数少、郁闭度和盖度低、分布不均匀的小班，采取林冠下、林中空地补植补播的人工促进方法育林；对树种组成单一和结构层次简单的小班，采取点状、团状疏伐的方法透光，促进林下幼苗、幼树生长，逐渐形成异龄复层结构的林分。

（3）目的树种定向培育。在封育期间，对部分珍稀树种和经营价值较高的树种，可重点采取除草松土、除蘖、间苗、抗旱、扶正等培育措施促使生长；在非目的树种有碍封育目的时，可以考虑间伐等措施，促进目的树种生长。

1.7.4 灾害防除

在封育年限内，按照预防为主、因害设防、综合治理的原则，实施火、病、虫、鼠等灾害的防治措施，避免环境污染、破坏生物多样性，做好相应的预测、预防工作。

1.8 封山育林检查和成效调查

1.8.1 检查

（1）自查。对工程封山育林项目，在封育期内由当地林业主管部门组织定期自查，非工程封山育林项目可从简。达到封育年限的在封区，由当地林业主管部门组织全面自查并形成检查验收成果报告。

（2）核查。在封育期内，上级林业主管部门为掌握封山育林实施情况，应组织对在封区进行核实检查。在封区核实合格包括以下条件。

①满足封育条件，并具备了合理齐全的封育规划和作业设计；建立了封山育林技术档案。

②制定了技术合理的封育制度和封育措施；已实施或准备实施封育措施。

1.8.2 成效调查

（1）调查组织。在封区达到封育年限后，先由封育单位全面自查，然后由上级林业主管部门组织成效调查。以农户、组、村自行组织的封山育林项目可由林业主管部门进行成效调查。调查结果以经营者和分级行政单位通过逐级汇总并逐级进行成效评定。

（2）调查方法。采用随机抽样调查方法进行，分别按封育类型随机抽取10%小班调查封山育林成效，要求如下。

①覆盖度和郁闭度可采用小班目测法或样地调查法。

②株数调查采用样圆（方）调查法。在小班内机械或随机布设面积为$10m^2$的样圆（方）（半径1.79m）进行小班因子调查，样圆（方）数量按小班面积确定（同表5-2）。

（3）合格标准。以小班为单位按无林地和疏林地封育（分别封育类型）、有林地封育及灌木林地封育（分别乔木林与灌木林）进行成效合格评定。

①无林地和疏林地封育合格标准：

a. 乔木型：乔木郁闭度≥0.2；平均有乔木1050株/hm²以上，且分布均匀。

b. 乔灌型：乔木郁闭度≥0.2；灌木覆盖度≥30%；有乔、灌木1350株（丛）/hm²以上或年均降水量400mm以下地区1050株（丛）/hm²以上，其中乔木所占比例≥30%，且分布均匀。

c. 灌木型：灌木覆盖度≥30%；有灌木1050株（丛）/hm²以上或年均降水量400mm以下地区900株（丛）/hm²以上，且分布均匀。

d. 灌草型：灌草综合覆盖度≥50%，其中灌木覆盖度≥20%；年均降水量在400mm以下地区灌草综合覆盖度≥50%，其中灌木覆盖度≥15%；有灌木900株（丛）/hm²以上或年均降水量在400mm以下地区750株（丛）/hm²以上，且分布均匀。

e. 竹林型：有毛竹450株/hm²以上或杂竹覆盖度≥40%，且分布均匀。

②有林地封育合格标准：有林地封育小班应同时满足下列条件。

a. 小班郁闭度≥0.6，林木分布均匀。

b. 林下有分布较均匀的幼苗3000株（丛）/hm²以上或幼树500株（丛）/hm²以上。

③灌木林地封育合格标准：灌木林地封育小班的乔木郁闭度≥0.2，乔、灌木总盖度≥60%，且灌木分布均匀。

（4）计算方法。计算小班平均每公顷母树、幼树、幼苗、竹等株（丛）数和灌木丛数，合格率=合格小班面积/检查小班总面积×100%。

（5）成效调查报告。报告的内容包括成效调查时间、调查地点、组织工作情况、调查方法、样地数量、调查结果、结果分析与评价、存在问题与建议等。

1.9 封山育林档案管理

（1）以经营单位的封育区为单元建立档案资料。

（2）封山育林中涉及的文件均需归档，并分别用纸质和磁介质保存，由专人负责管理。

（3）封山育林档案材料应包括：小班档案记录卡；各类审批文件；调查规划设计文件，包括图、表（卡）等；封育实施的年终总结；成效调查和检查验收成果；历年封育成林汇总图、表。

（4）在封育期间，森林资源发生变化的小班应在更新经营档案的同时，及时更新资源档案。

实训情境

(1)实训一。全封方式封山育林调查设计与作业实施。

(2)实训二。半封方式封山育林调查设计与作业实施。

(3)实训三。轮封方式封山育林调查设计与作业实施。

以上3个实训实施步骤一致,在实训中可根据实际实训时间及课程安排集中或分散完成。

任务实施

1. 实施过程

第一步:封山育林相关规程阅读理解。

(1)个人阅读封山育林相关规程。

①通过多媒体学习相关规程:通过多媒体学习《封山(沙)育林技术规程》《生态公益林建设 导则》等文件中的相关内容。

②熟悉文件内容:反复阅读文件相关内容,逐步熟悉文件中相关部分的主要内容。

③分析文件要点:对文件的要点进行分析,列出要点,由小组代表进行要点说明。

(2)按照封山育林相关规程讨论分析工作程序。

①封山育林要点分析:对封山育林的整个工作过程进行讨论,讨论要点包括封山育林的技术要点、封山育林的实施步骤、封山育林的管理措施、封山育林的成效调查验收等内容。

②封山育林作业设计要点分析:根据相关规程,对封山育林的作业设计进行分析。通过分析讨论,明确封山育林作业设计所涉及的方法、要求、技术要点和工作步骤,要求对整个作业设计的过程和方法都有充分的了解,并且能熟练使用工具与设备,从而确保整个作业设计工作的顺利完成。

③方法学习与讨论:对作业设计和作业实施步骤与方法等问题进行小组学习和讨论分析,基本了解封山育林的相关知识和要点。可以组成学生测评组对讨论结果进行抽查评定,并公布评定结果。

第二步:调查设计及作业实施准备。根据封山育林要求,实际选择全封、半封或轮封各一块适合乔木型封育的林地,各小组通过实地观察后,确定如何开展这块林地(一个小班)封山育林的调查设计和作业实施工作。主要内容包括:小班边界的区划,封育条件的判断和确定,调查工具和相关资料、表格的准备等方面。

第三步：开展小班外业调查。针对选定小班进行外业调查（可采用角规典型调查法），完成小班的各项因子调查，调查因子主要依据《封山（沙）育林技术规程》（GB/T 15163—2018）的规定确定。

第四步：完成封山育林作业设计说明书的编写及档案制作工作。根据教师提供的作业设计说明书范本，各小组通过分工合作的方式完成所调查小班的作业设计说明书的编写工作，最后制作封山育林作业档案。由教师对各组编写的文本进行点评。

第五步：提出封山育林小班的管护工作方案。管护方案主要包括封山育林范围、封山育林期限、封山育林方法及类型、封山育林措施等内容。

第六步：封山育林评价。选择一块乔木型封育小班，通过对已有乔木型封山育林小班进行调查，按照封山育林的标准进行评判，判断该小班是否达到乔木郁闭度≥0.2，同时平均有乔木1050株/hm^{2}以上，且分布均匀，从而判断封山育林工作是否合格，达到标准的为合格，达不到标准的即为不合格。

2. 成果提交

提交一份乔木型封山育林作业设计说明书和一份乔木型封山育林管护方案，要求对说明书和方案内容能做到合理解释，并能分析其中的要点和实施过程中可能存在的问题。

3. 参考文本

封山育林作业设计说明书文本结构如下。

××县封山育林作业设计说明书

1. 全县基本概况

1.1 自然概况　　　　　　　　1.2 社会经济条件

2. 指导思想、建设原则、设计依据和建设任务

2.1 指导思想　　　　　　　　2.2 建设原则

2.3 设计依据　　　　　　　　2.4 建设任务和工程布局

3. 区划系统

4. 封山育林设计

4.1 封山育林区现状　　　　　4.2 封育类型的确定

4.3 封育方式　　　　　　　　4.4 封育年限

4.5 封禁措施　　　　　　　　4.6 森林保护

4.7 封育组织管理形式

5. 造林作业设计

5.1 作业区的选择和区划　　5.2 小班区划调查

5.3 作业区地类面积　　　　5.4 人工造林设计

5.5 造林技术措施　　　　　5.6 病虫害防治

5.7 组织管理

6. 工程投资概算和资金筹措

6.1 封育工程投资概算　　　6.2 造林工程投资概算

7. 效益分析

7.1 生态效益　　　　　　　7.2 社会效益

7.3 经济效益

8. 保障措施

● 拓展知识

封山育林设计方案是一项保护森林和生态环境的工程，旨在减少森林砍伐和滥伐导致的环境问题，通过合理利用森林资源，促进森林生态的恢复和发展，为地方经济的发展提供动力。具体方案如下。

1. 封山措施

（1）设立封山保护区，对现有的森林资源进行保护和修复，防止滥伐和盲目采伐。

（2）制定封山保护区管理条例，严格管理入山证的发放，限制人员和车辆的进入数量和时间，同时加强巡逻和检查力度。

（3）设立多种形式的公告牌和标志，为民众提供相关信息和知识，同时引导游客进入景区，提高游客的自觉性和环保意识。

2. 育林措施

（1）通过深度科学研究，选用适合当地的树种进行科学种植，确保荒山荒地的快速恢复。

（2）制订科学的育苗计划，加强质量监督，减少种苗死亡率，确保增绿效果。

（3）建立种植档案，加强对林木的巡查和管理，尽可能减少过多枝蔓的粗长和断枝，确保林木健康、茂密、高效。

（4）鼓励居民参与种树活动，以激发社区的热情，提高居民的环保意识，促进生态旅游的发展。

3. 合理开发森林资源

（1）建立森林管理制度，制订生产计划，选择特定的森林资源，加强森林产品的基础科学研究和产业化推广。

（2）培养专业人才，开展相关技术培训和实践，提高人员的技能水平和管理能力。

（3）将森林开发与旅游业有机结合，产生丰厚的经济效益，并且提供更高质量和更全面的服务。

● 巩固训练

乔木是森林生态系统的建群种，了解当地主要乔木树种的生态特性，进行分类比较，结合当地生态环境状况拟出适宜封山育林的地段及选用乔木树种。

任务2　乔灌型封山育林

● 任务描述

乔灌型封山育林是根据立地条件以及母树、幼苗、幼树、萌蘖根株等情况，把其他疏林地以及在乔木适宜生长区域内符合封育条件但乔木树种的母树、幼树、幼苗、根株不占优势的无立木林地、宜林地封育为乔灌型封育林地，以达到通过一段时间的封山育林之后，使原有森林恢复成为更理想的乔木林的作业方式。本任务需要对实际的林地进行调查，然后按照相关规程进行模拟或实际操作，按要求完成一至数块林地的封山育林作业设计和管护方案编制等工作。

● 任务目标

1. 了解乔灌型封山育林的方法。
2. 熟悉乔灌型封山育林的适用条件。
3. 初步掌握乔灌型封山育林的调查方法及成效调查技术。
4. 进一步熟悉封山育林内业整理及作业设计的程序、封山育林成效评定标准、封山育林档案管理和林地管护等方面的工作方法。

● **知识准备**

2.1 封育地块选择的条件

除适合乔木型封育的其他疏林地,以及在乔木适宜生长区域内符合封育条件但乔木树种的母树、幼树、幼苗、根株不占优势的无立木林地、宜林地应封育为乔灌型。

2.2 封育年限与封育目标

2.2.1 封育年限

我国南方：5～7年；我国北方：6～8年。

2.2.2 封育目标

达到封育年限后,符合下列条件之一的小班为合格。

(1) 乔木郁闭度≥0.2。

(2) 灌木覆盖度≥30%。

(3) 有乔、灌木1350株（丛）/hm^2以上或年均降水量400mm以下地区1050株（丛）/hm^2以上,其中乔木所占比例≥30%,且分布均匀。

其余部分技术要点见本项目任务1。

● **实训情境**

(1) 实训一。全封方式封山育林调查设计与作业实施。

(2) 实训二。半封方式封山育林调查设计与作业实施。

(3) 实训三。轮封方式封山育林调查设计与作业实施。

以上3个实训实施步骤一致,可根据实际实训时间及课程安排集中或分散进行；也可以先完成实训一,将实训二和实训三的内容安排在综合实训中完成。

● **任务实施**

1. 实施过程

第一步：分析乔灌型封育小班的特点。

(1) 实地观察乔灌型封育小班。选择适合乔灌型封育的林地（全封、半封、轮封各一块），通过实地观察（也可以利用已有资料和图片进行学习），了解一个需要作为乔灌型方式进行封山育林的小班,充分了解和分析小班特点,进一步理解和掌握规程中的要求和要点。

（2）提出作业实施计划。以小组为单位，在对小班特点进行充分分析的基础上，提出对该小班进行乔灌型封育的作业设计和封育管护的方法及步骤。

（3）完成作业调查设计的准备工作。根据相关规程，对乔灌型封山育林的作业设计进行分析。通过分析讨论，明确封山育林作业设计所涉及的方法、要求、技术要点和工作步骤，对整个作业设计的过程和方法都有充分的了解，并且能够根据相关规程制作调查表格和准备相关的调查工具与设备，从而确保整个作业设计工作的顺利完成。

第二步：调查设计及作业实施准备。

第三步：开展小班外业调查。

第四步：完成封山育林作业设计说明书的编写及档案制作工作。

第五步：提出封山育林小班的管护工作方案。

第二~五步具体步骤同本项目任务1。

第六步：封山育林评价。选择一块乔灌型封育小班，通过对已有乔灌型封山育林小班进行调查，按照封山育林的标准进行评判，判断该小班是否达到乔木郁闭度≥0.2；灌木覆盖度≥30%；有乔、灌木1350株（丛）/hm^2以上或年均降水量400mm以下地区1050株（丛）/hm^2以上，其中乔木所占比例≥30%，且分布均匀。以此标准判断封山育林工作是否合格，达到标准的为合格，达不到标准的即为不合格。

2. 成果提交

提交一份乔灌型封山育林作业设计说明书和一份乔灌型封山育林管护方案，要求对说明书和方案内容能做到合理解释，并能分析其中的要点和实施过程中可能存在的问题。

● 巩固训练

调查当地一片乔灌结合型封山育林林分，分析其乔木树种和灌木树种相互作用的情况及整个林分的生长情况，对封山育林的效果进行评价。

任务3　灌木型封山育林

● 任务描述

灌木型封山育林是根据立地条件以及母树、幼苗、幼树、萌蘖根株等情况，把乔木适宜生长上限，符合封育条件的无立木林地、宜林地封育为灌木型封育林地，以达到通过一段时间的封山育林之后，使原有森林恢复成为更为理想的灌木林的作业方式。本任务需要对实际的林地进行调查，然后按照相关规程进行模拟或实际操作，按要求完成一至数块林地的封山育林作业设计和管护方案编制等工作。

● **任务目标**

1. 了解灌木型封山育林的方法。
2. 熟悉灌木型封山育林的适用条件。
3. 初步掌握灌木型封山育林的调查方法及成效调查技术。
4. 进一步熟悉封山育林内业整理及作业设计的程序、封山育林成效评定标准、封山育林档案管理和林地管护等方面的工作方法。

● **知识准备**

3.1 封育地块选择的条件

乔木适宜生长上限，符合封育条件的无立木林地、宜林地应封育为灌木型。

3.2 封育年限与封育目标

3.2.1 封育年限

我国南方：4~5年；我国北方：5~6年。

3.2.2 封育目标

达到封育年限后，符合下列条件之一的小班为合格。

（1）灌木覆盖度≥30%。

（2）有灌木1050株（丛）/hm^{2}以上或年均降水量400mm以下地区900株（丛）/hm^{2}以上，且分布均匀。

其余部分技术要点见本项目任务1。

● **实训情境**

（1）实训一。全封方式封山育林调查设计与作业实施。

（2）实训二。半封方式封山育林调查设计与作业实施。

（3）实训三。轮封方式封山育林调查设计与作业实施。

以上3个实训实施步骤一致，可根据实际实训时间及课程安排集中或分散进行；也可以先完成实训一，将实训二和实训三的内容安排在综合实训中完成。

● 任务实施

1. 实施过程

第一步：分析灌木型封育小班的特点。

（1）实地观察灌木型封育小班。选择灌木型封育的林地（全封、半封、轮封各一块），通过实地观察（也可以利用已有资料和图片进行学习），了解一个需要作为灌木型方式进行封山育林的小班，充分了解和分析小班特点，进一步理解和掌握规程中的要求和要点。

（2）提出作业实施计划。以小组为单位，在对小班特点进行充分分析的基础上，提出一个对该小班进行灌木型封育的作业设计和封育管护的方法与步骤。

（3）完成作业调查设计的准备工作。根据相关规程，对灌木型封山育林的作业设计进行分析。通过分析讨论，明确封山育林作业设计所涉及的方法、要求、技术要点和工作步骤，对整个作业设计的过程和方法都有充分的了解，并且能够根据相关规程制作调查表格和准备相关的调查工具与设备，从而确保整个作业设计工作的顺利完成。

第二步：调查设计及作业实施准备。

第三步：开展小班外业调查。

第四步：完成封山育林作业设计说明书的编写及档案制作工作。

第五步：提出封山育林小班的管护工作方案。

第二~五步具体步骤同本项目任务1。

第六步：封山育林评价。选择一块灌木型封育林地，通过对已有灌木型封山育林小班进行调查，按照封山育林的标准进行评判，判断该小班是否达到灌木覆盖度≥30%；有灌木1050株（丛）/hm^2以上或年均降水量400mm以下地区900株（丛）/hm^2以上，且分布均匀。以此标准判断封山育林工作是否合格，达到标准的为合格，达不到标准的即为不合格。

2. 成果提交

提交一份灌木型封山育林作业设计说明书和一份灌木型封山育林管护方案，要求对说明书和方案内容能做到合理解释，并能分析其中的要点和实施过程中可能存在的问题。

拓展知识

封山育林是在疏林地、灌丛林地、荒山地、采伐迹地和火烧迹地等划界封禁，限制开垦、砍柴、放牧以及禁绝山火，利用树木的天然下种及根株萌芽培育成林的一种有效方法。封山育林是以封禁为手段，利用林木天然更新能力和植物自然演替规律，使疏林地、灌木林、散生木林、宜林荒山等林业用地自然成林，其效果使森林结构变好，森林生态功能变大，森林生态系统稳定。

近年来，我国封山育林工作取得了显著成效，主要表现为：加快了国土绿化进程，增加了森林资源，改善了生态环境，促进了经济发展，例如以下案例。

（1）云南省建水县在全县开展了封山育林工作。建水县成立组织机构，采取行政、经济和法律措施，层层签订责任状，制定管护规定；全面规划，合理布局，实行国家、集体、股份多种形式，不断扩大封育面积，使全县封山育林逐步实现规模化；按照"封是基础、育是重点、定向培育、合理利用""谁封山、谁管护、谁受益"的原则，多方筹资，采取封山、补植、节能相结合的形式，加强封山育林基地建设，使重点封山区内有看守房、有碑牌、有专人管护。全县共完成封山育林面积38533.33hm^2，占全县森林面积的28.3%。封山区林草植被得到了较好的恢复，70%封育区达到有林地标准，生态、经济、社会效益明显。

（2）燕山、太行山多年封山育林的实践表明，封山育林能快速、经济地恢复和增加林草植被，是偏远山区生态建设的首选途径。首先，封山育林投资少、绿化效率高。据统计，太行山深远山区封育5年单位投资是同等条件下人工造林投资的1/17，并能在较短时期内实现大面积荒山绿化。其次，封育而成的森林植被具有更强的改善生态功能。封山育林形成的乔灌草结合的复层混交林，能有效涵养水源，减轻水土流失，改善小气候，减轻气象和地质灾害，保护生物多样性。在封山育林的基础上进行深度开发利用，是增加农民收入和转移农村富余劳动力的有效途径。通过封山育林，可以增加山区林果资源，培育景观资源，为发展林果产品采集、加工和森林旅游业创造了条件。充分发挥封山育林优势，对于加快河北绿化步伐以及迅速建立护卫京津的绿色屏障具有重大的现实意义。

（3）祁连山国家级自然保护区探索出多种适宜当地条件的封育模式。有林地封山育林模式：据研究，抚育后经过20年的封育，林分的森林学效率为41.76%。灌木林封山育林模式：经过封育，5年后灌木盖度可由封育前的不足40%达到70%以上。疏林地封山育林模式：5~10年后，封育前郁闭度在0.3左右的林地，可以提高到0.5左右。未成林造林地、林中空地、宜林地封山育林模式：封育5年后，幼树保存率达95%以上，平均高达

0.8m以上。高山、陡坡、水土流失区、干旱和半干旱地区封山育林模式：平均造林成活率可达96%，造林保存率达61%，造林7~10年苗木平均高生长量为8.4cm，封育造林5~7年后牧草每亩产量达1200~1750kg，可以从根本上改变治理区植被稀少、水土流失严重的状况。

无论从理论上看还是从实践上考察，封山育林都是林业工作的一项重要内容，是生态建设的一个重要手段，是培育森林资源的主要方式之一。据不完全统计，我国累计封育成林面积已达$3.34 \times 10^7 hm^2$，占全国有林地面积的21.7%，为提高我国森林覆盖率贡献了3.6个百分点。

然而，必须清醒地看到，由于多年来受以木材生产为主的林业建设思想的影响，一些地方忽视了封山育林在营造林工作中的重要地位和作用，封山育林的优势未得到充分发挥。一些地方的封山育林没有纳入工程化管理轨道，没有严格按规划设计、按设计施工、按标准检查验收，影响了封山育林的效果。还有一些地方在封山育林后，没有配合实施封山禁牧、发展沼气等措施，一些农牧民的生计来源被切断，使林牧、林柴等矛盾突出，盗伐林木和乱采滥挖植物现象时有发生。这些认识上、管理上、工作上的问题在一定程度上影响了生态建设的速度和成效，制约着林业的快速发展，必须下大力气解决。

搞好封山育林，专家认为要根据经济效益和生态效益的要求，全面权衡，综合发展，除必须进行人工造林的地方外，凡有封山育林条件，尤其是需要绿化面积大，劳力、资金短缺的地方，应优先规划封山育林。一些特殊地段，如分布有珍稀树种的疏林地、灌丛林地、萌发性强或天然下种能力强的阔叶林采伐迹地，以及高海拔山地、岩山裸露地，水库周围、江河两岸等容易引起水土流失的疏林地，都要封山育林，绝不能毁林重造。

封山育林还应因地制宜，采取全封、半封等多种形式。根据林木生长规律和群众实际需要，统筹安排，轮封轮开，既使林木得到正常生长，又照顾到群众的烧柴、用草、放牧等切身利益。对砍伐后的残次林地，要及时清理伤残病腐木，保留健壮的中龄林、幼龄林和萌芽林。对有天然下种条件的疏林地要注意保护母树，清理抑制幼苗生长的杂草灌木，周围无母树的林中空地要适当补植。为防止山林火灾，宜按山脊走向开高防火线，及时发现和防治病虫害，以加速成林成材。

做好封山育林工作，当务之急是解放思想。要突破思想上的禁区，冲破一切妨碍封山育林发展的思想观念，改变一切束缚封山育林发展的过时政策和规定，重新确立封山育林的新理念、新机制、新政策、新举措。封、飞、造是目前我国建设和恢复森林植被的3种主要方式，各具优势、互为补充，不能厚此薄彼和相互取代，必须放在同等重要的位置。今后，封山育林工作要抓规划，做到指导到位；抓质量，做到管理到位；抓机制，做到政策到位；抓协调，做到领导到位。通过努力，要使封山育林真正成为实施以生态建设为主的林业发展战略和推进林业快速发展的重要战略措施。

下面提供封山育林的方案、合同，供学习时参考。

封山育林管护方案

为了切实有效地保护、利用、管理好××镇林业资源，扩大森林后备资源，增强森林植被生态功能，改善生态环境，促进林业和经济社会可持续发展，特制定本方案。

一、封山育林范围

封山育林范围包括全镇××个行政村、××个镇级林场和××个村级林场，面积约××hm^2，涉及农村居民××万人。

二、封山育林期限

暂定××年，从××××年××月××日起实施。

三、封山育林方法及封育类型

（1）实行全封，即在林场内不允许砍柴、割草，待其自然恢复森林植被。

（2）对于烟火山内在直径3cm以下的疏林地、灌木林、灌丛地实行半封。

（3）对于新造的幼龄林林地（含未成林造林地），实行全面封山育林。

（4）对于镇、村主干道旁的林木限制采伐。

（5）对于因红、白喜事，冬季需要松木取暖，在自留山内需砍伐者，在5根内由村委会批准，在15根以上必须报镇人民政府和林业部门批准，所需松树必须是长势不规则的林木。

（6）对于因建房需要木材者，需报请村委会或林业部门批准，再由护林员在指定范围内方可砍伐。

四、封山育林措施

（1）广泛开展宣传活动。镇政府采用会议、广播、宣传车和发放资料等多种形式广泛开展宣传，切实统一人民群众实施封山育林的思想认识。

（2）切实加强组织领导。镇政府成立以镇长为组长，主管林业副镇长为副组长，林业站、农办等组织协调全镇封山育林工作，将封山育林工作纳入重要议事日程，封山育林专职护林员工资和奖金由村支两委根据绩效与岗位责任制挂钩。各村都要成立相应的工作组，加强对封山育林监督检查，林业站和林业行政公安派出所要依法查处各类破坏森林资源的违法行为。

（3）保障落实护林经费。镇政府按照全镇山林面积，护林经费按每亩××元发放。

（4）建立健全森林防火责任体系。封山育林区域和重点林区内严禁烧纸、吸烟、燃放烟花爆竹，严禁烧荒、烧炭、烧渣积肥等生产用火，严禁带火进山。对不听劝阻、肆意破坏、盗伐、滥伐林木或造成引发山火者，由各村按村规民约进行处理，情节较严重者由林业主管部门和司法机关从严追究其法律责任。

（5）严格实行奖惩措施。各村明确一名专职护林员，村与护林员要签订合同，明确护林员职、责、权、利，签订的合同要报镇封山育林办公室备案。各村的封山育林工作的第一责任人为村支部书记，直接责任人为主管林业的村干部和护林员。镇政府把封山育林工作纳入镇对村的目标管理考核。各村护林员要保障每天的护林时间，镇政府将不定期进行督查，如有盗伐、滥伐、火灾等现象，发现一起，追究一起，镇封山育林工作领导小组将扣发护林员相关工资，扣发比例视情节而定。

封山育林合同

根据《中华人民共和国森林法》和《××市天然林资源保护工程封山育林管护办法》等有关法律法规及政策规定，经××镇人民政府（甲方）与××××××（乙方）于××××年××月××日共同协商一致，依法签订封山育林管护合同。商定内容如下。

一、封山育林管护对象

乙方负责位于××镇××村（地名）共计××个小班的封山育林管护。

二、封山育林管护期限

从××××年××月××日起至××××年××月××日止，期限共计××年。

三、乙方应履行的主要义务

（1）积极配合或主动落实封山育林管护区域、保护标志、管护任务、管护措施。

（2）积极配合或主动做好森林三防工作（即森林防火、森林病虫害防治、防止盗伐滥伐）。

（3）保护野生动植物资源。

（4）要防止毁林开垦或毁林采石、采沙、采土、封育区禁牧及其他毁林行为的发生，制止非法征占用林地。

（5）促进森林资源数量、质量和生态效益良性发展。

四、乙方应享有的主要权利

（1）凡完成封山育林管护任务，并经镇人民政府检查属实的，甲方按规定及时拨付年森林资源管护费××元，即森林资源管护费补助费每人每年××元。

（2）在国家允许的政策范围内，优先开发利用管护区内的林下资源，如采摘种子、山果、药材、菇类等。

（3）在所管护的一般生态保护区（即限发区）内有人工林合法采伐任务的，在技术员的指导下，优先安排乙方实施作业，并获得劳务收入。

（4）对所在村组或所在单位安排有国家公益林建设任务的，优先安排乙方承担建设，并按规定支付其建设补助费。

（5）在管护区内安排有国家统一开展的建设项目（如森林病虫害防治、较大型的工程保护标志等）时，优先安排乙方承担实施，并获得相应的劳动报酬。

五、违约责任

（1）乙方因管护不力，有下列情况之一的，甲方要全额扣减其年封山育林管护补助费，并中止管护合同，直至追究乙方的相应责任。

①发生森林火警及其以上程度火情不及时处置和报告的。

②发生毁林开垦或者毁林采石、采沙、采土以及其他毁林行为，或者发生非法征占用林地不及时制止和报告的。

③发生森林病虫害的（非承包人员责任的除外）。

（2）若乙方屡次发生除五条（1）款以外其他问题的，甲方也应中止管护合同，并相应给予乙方从重处罚。致使森林资源遭受严重破坏的，要依法追究乙方的刑事责任。

六、其他事项

甲、乙双方有关管护中其他未尽事宜按规定另行商定。

本管护合同一式叁份，甲乙双方签章生效，分别存于甲方、乙方和县级林业主管部门各一份。

甲方（盖章）：××镇人民政府

甲方代表：_____

乙方（签章）：_____

乙方代表：_____

_____年___月___日

封山育林补植作业合同范文

甲方：（建设单位名称）

乙方：（施工单位名称）

为了确保封山育林补植造林工程的建设质量和管理成效，同时也为了明确甲、乙双方的权利和义务，甲、乙双方在平等互利的基础上，经协商一致，特订立本合同，合同条款如下。

一、补植地点及面积范围

甲方发包给乙方的补植作业地块位于_____封育区，作业面积_____亩（具体作业位置由甲方提供补植造林范围的地形图一份，补植面积的测定以GPS测量或1∶10000地形图勾绘为准）。

二、作业期限

××××年××月××日起至××××年××月××日止。

三、技术要求

（1）补植树种为_____，补植密度为_____株/亩（即株行距为__m×__m），栽植穴规格为____cm×____cm×____cm。

（2）裸根的必须采取生根粉、保水剂蘸根等实用技术处理；容器苗必须采用脱袋造林技术。

（3）栽植时，按照三埋二踩一提的简正、不离根原则，填土高度略高于苗木根茎原土痕2~3cm。

（4）栽植后至竣工验收前，乙方要管护和抚育造林地，并检查苗木成活率，对死株、缺株要及时补苗，确保成活率在90%以上。

四、补植苗木

全部由甲方提供。

五、补植款及支付方式

补植款为每亩人民币__元整（¥：__）。乙方的造林质量经甲方验收合格后，根据甲方的验收单到甲方单位结算工程款。

六、双方责任

（1）甲方责任。

①甲方必须按时支付工程款。

②甲方必须保证在造林地块上乙方能顺利正常地施工。

③甲方必须保证苗木足量供应，且质量达到设计要求的标准以上。

④甲方在接到监理方提交的验收申请报告后，__天内须组织有关人员进行验收，从验收合格之日起__天内付清工程款，过期不验收，乙方可视为甲方默认工程质量合格，有权追要工程款。

⑤因为甲方原因造成的停工，乙方的误工费由甲、乙双方协商解决，工期也相应顺延。

（2）乙方责任。

①乙方必须保证有足够的人力、物力及机械进行施工，同时要严格按作业设计、施工方案及以上约定的造林技术规程进行操作，确保补植造林质量及任务完成时间。

②若乙方不能按时完成甲方的任务，由此造成的损失由乙方承担。

③当天用不完的苗木，乙方必须采取假植等方法进行妥善处理。

④乙方在栽植营养袋苗木时，必须去掉塑料袋（或营养钵）。若发现没有脱袋，按未脱袋株数占检查株数的百分比扣除当天的投资。

⑤乙方在工程施工的中途单方毁约，由此发生的费用乙方自理。

⑥乙方有权拒绝不合格的苗木上山造林，由此产生的后果甲方负责。

⑦乙方应做好本方人员的安全防范工作，确保人身财产安全，并严防森林火灾发生。若出现意外情况，由乙方自己负责，与甲方无关。

七、本合同如有未尽事宜，由双方共同协商解决。

八、本合同一式两份，甲、乙双方各执一份，自签订之日起生效，至工程结算完毕终止。

乙方（施工负责人）：_____

甲方（负责人）：_____

_____年___月___日

● 巩固训练

对当地一片灌木型封山育林林分进行调查，分析树种与生态环境相适宜性的情况，写出调查报告。

项目5 自测题

参考文献

[1] 徐化成，郑均宝. 封山育林研究[M]. 北京：中国林业出版社，1994.

[2] 杨正平，欧宗袁. 封山育林[M]. 北京：中国林业出版社，1987.

[3] 姜凤岐，朱教君，曾德慧，等. 防护林经营学[M]. 北京：中国林业出版社，2003.

[4] 沈国舫. 面向21世纪课程教材：森林培育学[M]. 北京：中国林业出版社，2001.

[5] 费世民，彭镇华，周金星，等. 我国封山育林研究进展[J]. 世界林业研究，2004，（05）：29-33.

[6] 国家市场监督管理总局，中国国家标准化管理委员会. 封山（沙）育林技术规程：GB/T 15163—2018［S］. 北京：中国标准出版社，2018.

[7] 北京市质量技术监督局. 山区生态公益林抚育技术规程：DB 11/T 290—2005［S］. 北京：中国标准出版社，2005.

[8] 国家市场监督管理总局，中国国家标准化管理委员会. 造林技术规程：GB/T 15776—2023［S］. 北京：中国标准出版社，2023.

[9] 蔡体久，姜孟霞. 森林分类经营：理论、实践及可视化［M］. 北京：科学出版社，2005.

[10] 陈大珂. 森林经营学［M］. 哈尔滨：东北林业大学出版社，1993.

[11] 大金永治. 森林择伐［M］. 唐广义，陈丕相，译. 北京：中国林业出版社，1988.

[12] 费世民，彭镇华，周金星，等. 我国封山育林研究进展［J］. 世界林业研究，2004，17（5）：29-33.

[13] 高尚武，马文元. 森林能源研究［M］. 北京：中国科学技术出版社，1991.

[14] 郭建钢. 山地森林作业系统优化技术［M］. 北京：中国林业出版社，2002.

[15] 国家林业局. 低产用材林改造技术规程：LY/T 1560—1999［S］. 北京：中国标准出版社，1999.

[16] 国家林业局. 低效林改造技术规程：LY/T 1690—2007［S］. 北京·中国标准出版社，2007.

[17] 国家林业局. 简明森林经营方案编制技术规程：LY/T 2008—2012［S］. 北京：中国标准出版社，2012.

[18] 国家林业局. 国家级公益林区划技术规程：LY/T 2084—2013［S］. 北京：中国标准出版社，2013.

[19] 国家质量技术监督局. 生态公益林建设：GB/T 18337.1~4—2001［S］. 北京：中国标准出版社，2001.

[20] 韩海荣. 森林资源与环境导论［M］. 北京：中国林业出版社，2002.

[21] 贺庆棠. 森林环境学［M］. 北京：高等教育出版社，2001.

[22] 黄云鹏. 森林培育［M］. 北京：高等教育出版社，2002.

[23] 黄云鹏. 林业技术专业综合实训指导书——森林培育技术［M］. 北京：中国林业出版社，2008.

[24] 姜凤岐. 防护林经营学［M］. 北京：中国林业出版社，2003.

[25] 蒋学良. 森林经营学［M］. 北京：中国林业出版社，2002.

[26] 金满庆. 薪炭林的营造［M］. 乌鲁木齐：新疆人民出版社，1991.

[27] 雷加富. 全国森林培育实用技术指南［M］. 北京：中国林业出版社，2001.

[28] 雷庆峰. 森林经营技术［M］. 沈阳：沈阳出版社，2011.

[29] 李荣和，于景华. 林下经济作物种植新模式［M］. 北京：科技文献出版社，2010.

[30] 李文彬. 林业工程研究进展［M］. 北京：中国环境科学出版社，2005.

[31] 李文华，赖世堂. 中国农林复合经营［M］. 北京：科学出版社，2001.

[32] 梁星权. 森林分类经营［M］. 北京：中国林业出版社，2001.

[33] 辽宁省林业学校. 森林经营学［M］. 北京：中国林业出版社，1996.

[34] 林馗. 短伐桉萌芽更新造林技术［J］. 林业科技开发，2004，18（6）：65-66.

[35] 刘进社. 森林经营技术［M］. 北京：中国林业出版社，2007.

[36] 骆宗诗，侯波，向成华，等. 四川盆地低山丘陵区柏木低效防护林的改造［J］. 中南林业科技大学学报，2009，29（6）：82-87.

[37] 孟平，张劲松. 农林复合生态系统研究［M］. 北京：科学出版社，2004.

[38] 孟平，张劲松. 中国复合农林业研究［M］. 北京：中国林业出版社，2003.

[39] 邱进贤，覃志刚，于学海，等. 四川盆地薪材树种选择及栽培技术研究［J］. 四川林业科技，1992，13（1）：13.

[40] 沈国舫，翟明普. 森林培育学［M］. 2版. 北京：中国林业出版社，2011.

[41] 舒裕国，余忠杰，徐国祯. 薪炭林［M］. 北京：中国林业出版社，1985.

[42] 方栋龙. 森林经营技术［M］. 3版. 北京：中国林业出版社，2021.

[43] 孙时轩. 造林学［M］. 2版. 北京：中国林业出版社，1993.

[44] 索非·希格曼. 森林可持续经营手册［M］. 凌林，杨冬生，等译，北京：科学出版社，2001.

[45] 魏占才. 森林调查技术 [M]. 北京：中国林业出版社，2006.

[46] 熊文愈，姜志林，等. 中国农林复合经营研究与实践 [M]. 南京：江苏科技出版社，1994.

[47] 徐化成，郑均宝. 封山育林研究 [M]. 北京：中国林业出版社，1994.

[48] 杨正平. 封山育林 [M]. 北京：中国林业出版社，1987.

[49] 张凤山. 经营性大强度渐伐 [J]. 河北林业科技，2007，18（4）：41.

[50] 张建国，彭祚登. 中国薪炭林培育技术 [J]. 生物质化学工程，2006，（S1）：56-66.

[51] 张金池，阮宏华. 森林生态学 [M]. 北京：经济科学出版社，1999.

[52] 张康建，张亮成. 经济林栽培学 [M]. 北京：中国林业出版社，1999.

[53] 张余田. 森林营造技术 [M]. 北京：中国林业出版社，2007.

[54] 兆赖之. 育林学 [M]. 北京：中国环境科学出版社，2005.

[55] 赵体顺. 当代林业技术 [M]. 郑州：黄河水利出版社，1995.

[56] 何玉琦，姚光常. 抚育间伐技术目标管理新方法 [J]. 东北林业大学学报，1990，（5）：105-111.

[57] 黄家荣. 人工林首次间伐时间确定方法的探讨 [J]. 北京林业大学学报，1994，（4）：75-79.

[58] 杜纪山，唐守正. 抚育间伐对林分生长的效应及其模型研究 [J]. 北京林业大学学报，1996，（1）：80-84.

[59] 孙晓梅. 长白落叶松人工林间伐林分的生长模拟 [J]. 林业科学研究，1999，（5）：500-504.

[60] 吴增志. 合理的密度管理是提高林分生产力的重要途径——从世界种群密度理论研究的现状看深入研究的必要性 [J]. 世界林业研究，1988，（2）：42-47.